FORSCHUNGSBERICHTE DES LANDES NORDRHEIN-WESTFALEN

Nr. 3132 / Fachgruppe Geisteswissenschaften

Herausgegeben vom Minister für Wissenschaft und Forschung

Prof. Dr. rer. nat. Manfred Bormann
Dr. rer. nat. Klaus Krämer

Abteilung für Physik und Astronomie
Fachdidaktik der Physik
Ruhr-Universität Bochum

Erarbeitung physikalischer Größen und Gesetze im Physikunterricht der Sekundarstufe I unter Einsatz von Schülerexperimenten

Westdeutscher Verlag 1982

CIP-Kurztitelaufnahme der Deutschen Bibliothek

Bormann, Manfred:
Erarbeitung physikalischer Grössen und Gesetze im Physikunterricht der Sekundarstufe I [eins] unter Einsatz von Schülerexperimenten / Manfred Bormann ; Klaus Krämer. - Opladen : Westdeutscher Verlag, 1982.

(Forschungsberichte des Landes Nordrhein-Westfalen ; Nr. 3132 : Fachgruppe Geisteswiss.)

NE: Krämer, Klaus:; Nordrhein-Westfalen: Forschungsberichte des Landes ...

ISBN 978-3-531-03132-3 ISBN 978-3-322-87637-9 (eBook)
DOI 10.1007/978-3-322-87637-9

Herstellung: Westdeutscher Verlag
Druck und buchbinderische Verarbeitung:
Lengericher Handelsdruckerei, 4540 Lengerich

Inhalt

1. Einführung und Problemstellung

Die Physik ist eine Naturwissenschaft und als solche eine Erfahrungswissenschaft. Ausgangspunkt, Grundlage und Prüfstein physikalischer Erkenntnis und Theoriebildung sind Erfahrungstatsachen, die die Physik aus der Beobachtung von Erscheinungen und Vorgängen in der Natur gewinnt. Dabei bedeutet Beobachtung in der Physik allerdings nicht die bloße subjektive Sinneswahrnehmung der Erscheinungsbilder der Naturphänomene, sondern die zielgerichtete und objektive, d.h. subjektinvariante Erfassung bestimmter Merkmale und Aspekte der Phänomene nach Auswahlkriterien, die sich aus den wissenschaftlichen Frage- und Zielstellungen der Physik ergeben. Im Mittelpunkt physikalischen Interesses stehen vor allem quantifizierbare Merkmale und deren gegenseitige funktionale Abhängigkeit. An dieser spezifischen Beobachtung sind die Sinne oft nur noch indirekt beteiligt, denn die Aufnahme der physikalisch relevanten Daten erfolgt weitgehend mit Hilfe geeigneter Beobachtungs- und Meßgeräte, deren Angaben dann z.B. lediglich noch abzulesen sind.

Die Physik beschränkt sich jedoch nicht allein auf die Beobachtung von Erscheinungen und Vorgängen, die in der Natur von selbst auftreten. Es werden vielmehr zur physikalischen Untersuchung auch Bedingungen und Umstände geschaffen, unter denen Phänomene eingeleitet und beobachtet werden können, die von allein in der Natur nicht auftreten. Die planmäßige Beobachtung eines Phänomens, das gezielt und unter genau definierten und sorgfältig kontrollierten Bedingungen herbeigeführt wird, nennt man ein Experiment. Experimente sind die wichtigste Quelle physikalischer Erfahrung. Sie zeichnen sich gegenüber der Beobachtung von Phänomenen, die unter natürlichen Bedingungen auftreten, insbesondere dadurch aus, daß sie beliebig wiederholbar sind und ihre Anfangsbedingungen frei gewählt werden können. Mit Hilfe von Experimenten kann daher ein vergleichsweise sehr viel größerer Umfang an Information mit zudem größerer Sicherheit gewonnen werden.

Die logische Struktur des Erkenntnisprozesses der Physik stellt sich in idealtypischer Ausprägung als eine Verknüpfung von induktiven und hypothetisch-deduktiven Schlußverfahren dar, wobei die experimentelle Erfahrung Grundlage und Prüfinstanz der Schlußfolgerungen ist und damit der Physik den Charakter einer

Erfahrungswissenschaft garantiert. Der methodische Weg des wissenschaftlichen Erkenntnisprozesses der Physik bildet in idealisierter, elementarisierter und meist verkürzter Form auch den logischen Weg, auf dem im Physikunterricht weitgehend die Lerninhalte erarbeitet und Erkenntnisse gewonnen werden. Damit wird dem unstrittigen Ziel des Physikunterrichts entsprochen, dem Schüler nicht nur physikalisches Faktenwissen zu vermitteln, sondern ihn insbesondere auch mit der physikalischen Methode der Naturerkenntnis vertraut zu machen. Entsprechend der Bedeutung, die dem Experiment im Erkenntnisprozeß der Physik zukommt, ist das mit schulischen Hilfsmitteln und Experimentiergeräten durchführbare physikalische Schulexperiment das wichtigste Medium, d.h. Lehr-/Lernmittel, des Physikunterrichts. Es gelangt zum Einsatz bei der Sammlung von Erfahrungsmaterial über einen Objektbereich, bei der Einführung von Begriffen und Größen, bei der induktiven Ermittlung von Gesetzen und bei der empirischen Überprüfung von Hypothesen, Theorien und deduktiv hergeleiteten Gesetzen. Darüber hinaus dienen Experimente im Physikunterricht allgemein insbesondere der Veranschaulichung physikalischer Sachverhalte, der Unterstützung des Schülers in der sinn- und bedeutungsvollen Erfassung der Lerngegenstände und nicht zuletzt der Weckung und Förderung der Lernmotivation.

Je nachdem, ob ein Experiment vom Lehrer oder vom Schüler durchgeführt wird, spricht man vom Lehrerexperiment oder Schülerexperiment. Lehrerexperimente werden vom Lehrer als Demonstrationsexperiment ausgeführt. Schülerexperimente, auch Schülerversuche genannt, werden von allen Schülern der Klasse entweder einzeln oder in Gruppen von in der Regel zwei bis drei Schülern durchgeführt. Das Ausmaß der Anleitung durch den Lehrer und der Grad der Selbständigkeit der Schüler bei der experimentellen Tätigkeit hängen wesentlich von der Problemstellung und didaktischen Intention des Schülerexperiments, den einzusetzenden experimentellen Hilfsmitteln und Geräten und der Experimentiererfahrung der Schüler ab.

Die Einbeziehung von Schülerexperimenten in den Physikunterricht ist eine einhellige Forderung der Physikdidaktik, die auch in allen offiziellen Unterrichtsrichtlinien mit Nachdruck erhoben wird. Ihr liegt letztlich die nicht neue pädagogisch-lernpsychologische Erkenntnis zugrunde, daß der Schüler, insbesondere der jüngere, durch Anschauung, Handlung und Denken in komplexer Verflechtung die objektive Realität zu erfassen, begreifen und verstehen lernt. In den Worten "erfassen" oder "begreifen" kommt sehr deutlich die Rolle der praktischen Tätigkeit bei der Aneignung der Wirklichkeit zum Ausdruck. Bei den vom Lehrer ausgeführten Demonstrationsexperimenten befindet sich der Schüler nicht in einer Situation selbständiger Erkundung und Feststellung der Eigenschaften der ins Auge gefaßten Objekte, Erscheinungen oder Vorgänge. Sein Verhalten ist hier weitgehend rezeptiv, was allerdings nicht mit "passiv" zu identifizieren ist, denn vom Schüler wird erwartet, daß er innerlich aktiv an dem Experimentierprozeß beteiligt ist, ihn geistig bewußt mitvollzieht und verarbeitet und so die Bedeutung des Erlebten, Wahrgenommenen, Beobachteten erkennt. Aber dennoch sind die Erfahrungen aus dem Demonstrationsexperiment keine eigenen, selbstgewonnenen Erfahrungen des Schülers, sie sind stellvertretend für ihn vom Lehrer gemacht und sie werden vom Schüler kaum tiefer verinnerlicht und zum festen Bestandteil seines Wissens werden. In diesem Zusammenhang ist insbesondere auf die Theoriebildungen von J. PIAGET zur kognitiven Entwicklung des Kindes und Jugendlichen hinzuweisen, in denen die große Bedeutung herausgestellt wird, die den im konkret handelnden Umgang mit den Objekten der Umwelt gewonnenen Erfahrungen bei der Entwicklung des Denkens und Erkenntnisvermögens zukommt (1). Als Konsequenz für den schulischen Unterricht in den naturwissenschaftlichen Fächern plädiert PIAGET dafür, den Schülern hier breite Möglichkeiten zur Erfahrungsgewinnung durch eigenes Experimentieren zu eröffnen (2).

Faßt man nunmehr die didaktische Einordnung des Schülerexperiments in den Unterricht ins Auge, so kann es wie das Lehrerexperiment jede Stellung im Unterrichts- und Erkenntnisprozeß einnehmen. In der Schulpraxis werden Schülerexperimente jedoch vorzugsweise zur Einführung in einen Phänomen- und Gegenstandsbereich, zur Illustration von im Unterricht erarbeiteten Lerninhalten, zu deren Festigung und Wiederholung sowie zur Vermittlung und Übung von Fähigkeiten und Fertigkeiten im Beobachten, Messen, Aufbau von Experimentieranordnungen und im Gebrauch von Beobachtungs- und Meßgeräten eingesetzt.

In der Phase der Erarbeitung der zentralen Lerngegenstände und Erkenntnisse, der Bildung von Begriffen und Größen, der Ermittlung von Gesetzen und der Entwicklung von Erklärungs- und Begründungssystemen dominieren dagegen vom Lehrer ausgeführte Demonstrationsexperimente, insbesondere dann, wenn hier die Erfassung von Sachverhalten und Zusammenhängen in quantitativer Form erforderlich ist. In dieser entscheidenden Unterrichtsphase ist der Schüler also weitgehend auf ein rezeptives Verhalten beschränkt. Grundlage des Erkenntnisprozesses sind nicht Erfahrungen, die er in aktiver "eigenhändiger" Erkundung der Erkenntnisobjekte gewinnt, sondern "vorgeführte" Erfahrungen, die der Lehrer stellvertretend für den Schüler macht. Im Lichte der oben erörterten Bedeutung der Verbindung von manueller und geistiger Aktivität und eigener Erfahrungsgewinnung der Schüler für kognitives Lernen im Physikunterricht können somit allein unter Einsatz von Demonstrationsexperimenten gestaltete Erarbeitungsphasen nicht als optimale Lernsituationen angesehen werden. Vielmehr sollten auch hier, soweit es die Komplexität der Problemstellung, der erforderlich technische Experimentieraufwand und der Zeitfaktor zulassen, immer wieder Schülerexperimente ihren Platz finden.

In der physikalischen Literatur finden sich nur wenige empirische Untersuchungen zur didaktisch-methodischen Gestaltung und Lerneffizenz der Stofferarbeitung unter Einbeziehung von Schülerexperimenten (3,4). Um bezüglich dieses Problemkreises weitere Erkenntnisse zu gewinnen, sind von uns Unterrichtskonzepte mit Einsatz von Schülerexperimenten zur induktiven Erarbeitung verschiedener physikalischer Größen und Gesetze, die zu den Lerninhalten des Physikunterrichts der Sekundarstufe I gehören, entwickelt und im Unterricht erprobt worden. Die Untersuchungen erstreckten sich auf die Erarbeitung der Größen Geschwindigkeit, Dichte, Druck, elektrische Stromstärke, elektrische Spannung sowie des Hookeschen Gesetzes und des Ohmschen Gesetzes.

2. Methodische Struktur der Erarbeitungskonzepte

Die zur Erarbeitung in Betracht gezogenen physikalischen Größen sind abgeleitete Größen. Sie werden jeweils aufgrund der experimentellen Erkenntnis definiert, daß zwischen zwei anderen Größen, die Merkmale von Körper, Erscheinungen oder Vorgänge kennzeichnen, eine funktionale Abhängigkeit besteht, deren mathematische Struktur die direkte Proportionalität ist. Die in diesem Fall vorliegende Konstanz des Quotienten der in

Beziehung stehenden Größen ist ein neues Merkmal der betreffenden physikalischen Objekte. Als Größe, die dieses Merkmal beschreibt, wird dann der fragliche Größenquotient selbst definiert, wobei die so eingeführte Größe eine spezielle Bezeichnung erhält. Der Proportionalitätsbegriff ist auch Grundlage für die Gewinnung des Hookeschen Gesetzes und des Ohmschen Gesetzes, denn beide Gesetze werden induktiv erschlossen aus der experimentellen Feststellung der direkt proportionalen Abhängigkeit zwischen jeweils zwei Größen.

Zahlreiche empirische Untersuchungen haben ergeben (s.z.B. 5-9), daß sich das kognitive Vermögen der Schüler, bestimmte funktionale Zusammenhänge von Variablen als proportionale Abhängigkeit zu erfassen, d.h. das Denken in proportionalen Beziehungen, weitgehend erst im Verlaufe der Altersstufen, die die Sekundarstufe I umfaßt, ausbildet, wobei diese Entwicklung auch keineswegs bei allen Schülern einheitlich verläuft. Die Schulerfahrung zeigt darüber hinaus, daß der Physikunterricht in der Sekundarstufe I in der Regel auch nur bedingt auf die Behandlung des Funktions- und speziell des Proportionalitätsbegriffs im Mathematikunterricht zurückgreifen kann, da der Schüler die hier unter diesen Begriffen eingeführten formalen mathematischen Strukturen nicht auch in ausreichendem Maße hinsichtlich ihrer Anwendbarkeit und Handhabung bei der Analyse von Variablenzusammenhängen außerhalb der Mathematik kennenlernt. Dem Physikunterricht stellt sich daher die Aufgabe, diese mathematischen Strukturen bei ihrer Anwendung zur quantitativen Erfassung physikalischer Sachverhalte selbst hinreichend abzuklären bzw. überhaupt erst zu entwickeln.

Bei einer direkten Proportionalität zwischen zwei Größen x und y, die symbolisch durch die Schreibweise $y \sim x$ zum Ausdruck gebracht wird, sind die Größen durch eine Gleichung der Form $y = a \cdot x$ miteinander verknüpft. Hierin ist a eine konstante Größe, die Proportionalitätskonstante genannt wird. Da die Gleichung die funktionale Abhängigkeit der Größen x und y bei direkter Proportionalität zum Ausdruck bringt, bezeichnet man sie auch als Funktionsgleichung der direkten Proportionalität. Aus ihr ergeben sich mindestens die folgenden drei Merkmale, die als notwendige und hinreichende Erkenntniskriterien für die direkte Proportionalität im Physikunterricht herangezogen werden können:

a) Der Größenwert von y verändert sich im gleichen Maße, wie der Größenwert von x, d.h. zum n-fachen Größenwert von x gehört auch der n-fache Größenwert von y.

b) Für alle Wertpaare (x_i, y_i) zusammengehöriger Größenwerte hat der Quotient y_i/x_i den gleichen Wert. Man spricht in diesem Fall auch davon, daß die Größenwerte von x und y oder kurz die Größen x und y "quotientengleich" sind.

c) Bei graphischer Abbildung des funktionalen Zusammenhangs in einem kartesichen Koordinatensystem, dessen Ursprung der gemeinsame Nullpunkt der beiden Koordinatenachsen ist, denen die Größen x und y zugeordnet sind, ergibt sich als Graph eine durch den Nullpunkt verlaufende Gerade. Eine solche Gerade wird auch als eine "Nullpunktsgerade" oder "Ursprungsgerade" bezeichnet.

Damit sich dem Schüler die Struktur "direkte Proportionalität" in ihren verschiedenen Ausdrucksformen erschließt, sollten im Physikunterricht bei der Analyse funktionaler Zusammenhänge stets alle drei herausgestellten Erkenntniskriterien oder "Erscheinungsbilder" der direkten Proportionalität Berücksichtigung finden. Entsprechend wurde bei den von uns entworfenen Erarbeitungskonzepten verfahren.

Der Phase der Erarbeitung der Definitionsgleichung für eine neue Größe oder der Erarbeitung eines Gesetzes geht zunächst eine Unterrichtsphase der Motivation und Problemstellung voraus. In ihr wird das zu bewältigende Problem aufgeworfen und im Unterrichtsgespräch konkretisiert und strukturiert mit dem Ziel, allen Schülern die Problemstellung verständlich zu machen und sie für die weitere Befassung mit dieser zu interessieren. Die physikalische Eigenschaft, die durch die neue Größe erfaßt werden soll bzw. der Sachverhalt, auf den sich das zu erarbeitende Gesetz bezieht, wird in das Blickfeld der Schüler gerückt. Es werden die Größen isoliert und identifiziert, die bei den betrachteten Erscheinungen als Variablen auftreten, und Vermutungen darüber angestellt, durch den Zusammenhang welcher Variablen die Erscheinungen gekennzeichnet sind.

Sind im Unterrichtsgespräch die Größen x und y festgelegt, deren funktionale Abhängigkeit ermittelt werden soll, so werden die Schüler vom Lehrer mit den von ihm vorbereiteten entsprechenden Experimenten vertraut gemacht. Diese werden dann von den Schülern selbst durchgeführt. Von ihnen werden innerhalb der erfaßbaren Wertebereiche der Größen x und y eine möglichst größere Zahl von zusammengehörigen Wertepaaren(x_i,y_i) gemessen und in einer Wertetabelle festgehalten. Die Auswertung der Meßergebnisse daraufhin, ob sich aus ihnen möglicherweise auf eine direkte Proportionalität zwischen den betrachteten Größen schließen läßt, erfolgt etwa nach folgendem Schema: In einem entsprechenden Diagramm (Koordinatensystem) werden die Bildpunkte der Wertepaare abgetragen. Kann durch diese "Meßpunkte" unter Berücksichtigung der Meßfehler eine Gerade ("Ausgleichsgerade") gelegt werden, die durch den Koordinatensprung verläuft, so liegt damit ein Hinweis für eine direkte Proportionalität zwischen x und y vor. Zur weiteren Absicherung dieses Sachverhalts wird wiederum die Wertetabelle herangezogen. Hier muß sich erweisen, daß für einen Größenwert von x, der das n-fache eines Bezugswertes darstellt, bis auf gewisse Abweichungen (Meßfehler) auch für y ein Größenwert vorliegt, der das n-fache des entsprechenden Bezugswertes ist. Schließlich wird festgestellt, ob sich bei jedem Wertepaar für den Quotienten y_i/x_i etwa der gleiche Wert ergibt. Die auftretenden Abweichungen der Quotienten voneinander dürfen nicht systematischer Art sein und müssen sich aus den Fehlern der Meßwerte erklären lassen. Bei dieser Sachlage besteht dann hinreichende Rechtfertigung für die Behauptung, daß x und y ein quotientengleiches Größenpaar bilden und damit direkt proportional zueinander sind. Diese Eigenschaft wird algebraisch in der Form y/x = konst. ausgedrückt.

Die Auswertung der Meßergebnisse in dieser Weise erfolgt entweder durch die Schüler unter Anleitung des Lehrers oder bei genügender Vertrautheit mit dem Verfahren selbständig durch die Schüler. Hieran schließen sich die physikalische Interpretation der gewonnenen Erkenntnisse und die Einführung der Größendefinitionen bzw. die Formulierung der Gesetzesaussagen an, deren Erarbeitung Ziel der jeweiligen Unterrichtseinheit ist.

3. Die entwickelten Erarbeitungskonzepte

Im folgenden werden die entwickelten Konzepte zur Erarbeitung der verschiedenen ins Auge gefaßten Größen und Gesetze näher dargestellt. Die Konzepte sind ausgerichtet auf die Behandlung der Lerngegenstände im Physikunterricht des Gymnasiums, und zwar der Größen Geschwindigkeit, Dichte und Druck sowie des Hookeschen

Gesetzes in der Klassenstufe 8 und der Größen elektrische Stromstärke und elektrische Spannung sowie des Ohmschen Gesetzes in der Klassenstufe 10.

3.1. Geschwindigkeit

3.1.1. Didaktische Vorbemerkungen

Im Physikunterricht der Sekundarstufe I wird die physikalische Größe Geschwindigkeit als Maß für die "Schnelligkeit" geradlinig-gleichförmiger Bewegungen von Körpern eingeführt. Zu ihrer Definition wird die Erkenntnis experimentell erarbeitet, daß es eine Klasse geradliniger Bewegungen gibt, die durch die Eigenschaft gekennzeichnet sind, daß jeweils der vom sich bewegenden Körper zurückgelegte Weg s proportional zur dabei verstrichenen Zeit ist. Bei diesen Bewegungen liegt also der Sachverhalt vor, daß der Quotient aus Weg und Zeit konstant ist und sich als Graph des funktionalen Zusammenhangs zwischen Weg und Zeit in einem t,s-Diagramm eine Ursprungsgerade ergibt. Bewegungen mit dieser Eigenschaft werden als gleichförmig bezeichnet. Stehen Weg und Zeit in einem andersartigen Zusammenhang, so spricht man von ungleichförmigen oder beschleunigten Bewegungen.

Der bei einer gleichförmigen Bewegung eines Körpers vorliegende konstante Quotient aus Weg und Zeit bzw. der Anstieg der entsprechenden Ursprungsgeraden im t,s-Diagramm ist um so größer, je größer der Weg ist, den der Körper in einer bestimmten Zeit zurücklegt. Legt ein Körper in einer bestimmten Zeit einen längeren Weg zurück als ein anderer, so bezeichnet man umgangssprachlich die Bewegung des ersten Körpers als "schneller" als die Bewegung des zweiten. Somit kann als physikalische Größe, mit der die Schnelligkeit gleichförmiger Bewegungen quantitativ erfaßt wird, der Quotient aus Weg und Zeit definiert werden. Diese Größe $v = s/t$ wird Geschwindigkeit einer gleichförmigen Bewegung genannt.

Das im folgenden dargestellte Konzept zur Erarbeitung des Geschwindigkeitsbegriffs setzt voraus, daß die Schüler Längen- und Zeitmessungen durchführen können, daß ihnen aus vorangegangenem Unterricht die Relativität der Bewegungen und der Begriff des Bezugssystems bekannt sind und daß ihnen der umgangssprachliche Begriff der Schnelligkeit von Bewegungen geläufig ist. Wie Vortests zeigten, beurteilen die meisten Schüler die Bewegung eines Körpers im Vergleich zu der eines anderen dann als schneller, wenn der Körper die gleiche Wegstrecke in kürzerer Zeit zurücklegt oder für einen längeren Weg die gleiche Zeit braucht. Auch der Algorithmus der Berechnung einer Reisegeschwindigkeit in der Einheit km/h wird in der Regel beherrscht.

Mit der Erarbeitung des Geschwindigkeitsbegriffs lernt der Schüler eines der ersten Beispiele der Untersuchung der funktionalen Abhängigkeit zwischen zwei physikalischen Größen und der mathematischen Analyse der Abhängigkeit im Hinblick auf eine Proportionalität kennen. Es ist daher notwendig, die einzelnen Schritte der Analyse und Erkenntnisgewinnung mit besonderer Ausführlichkeit herauszuarbeiten.

3.1.2. Problemstellung

Vom Lehrer wird eine gleichförmige und eine gleichmäßige beschleunigte Bewegung eines Wagens auf einer Fahrbahn vorgeführt (z.B. unter Verwendung der Rollen-Fahrbahn mit zugehörigen Wagen der Fa. Leybold-Heraeus, Köln). Der Wagen wird bei einem Taktschlag eines Metronoms gestartet und bei jedem nachfolgenden Taktschlag wird der jeweilige Ort des Wagens mit Kreidestrichen an der Fahrbahn markiert. Die Schüler erkennen, daß die erste Bewegung des Wagens gleichbleibend schnell ist, der Wagen legt in gleich langen Zeitspannen zwischen zwei aufeinanderfolgenden Metronomschlägen jeweils gleich lange Wegstrecken zurück. Im anderen Fall wird die Bewegung immer schneller, die in gleich langen Zeitspannen vom Wagen durchlaufenen Wegstrecken werden mit zunehmender Zeit immer größer. Die Schüler werden dann auf den Sachverhalt gelenkt, daß die erste Bewegung auch dadurch gekennzeichnet ist, daß die insgesamt vom Startpunkt aus zurückgelegte Wegstrecke s des Wagens und die dazu benötigte Zeit t in gleichem Maße zunehmen: beim zweiten Metronomschlag nach dem Startschlag ist der Weg doppelt so lang wie der Weg beim ersten Schlag, beim dritten dreimal so lang usw. Beim zweiten Bewegungsablauf dagegen nimmt der Weg in stärkerem Maße zu als die Zeit.

Diese Erörterungen, die noch durch die Diskussion von Bewegungen von Fahrzeugen und anderen Körpern in der Umwelt ergänzt und vertieft werden, sollen die Schüler zu der Einsicht führen, daß zur quantitativen Beschreibung und Kennzeichnung von Bewegungen die Kenntnis des jeweiligen Zusammenhangs zwischen dem vom bewegten Körper zurückgelegten Weg s und der dafür benötigten Zeit t erforderlich ist. Um zu weiteren Erkenntnissen über Bewegungen zu gelangen, ist es also notwendig, für verschiedene Bewegungsphänomene die Weg-Zeit-Zusammenhänge durch entsprechende Messungen zu ermitteln. Es wird vorgesehen, daß die Schüler in Gruppen zu drei bis vier Schülern solche Untersuchungen an verschiedenen Versuchsanordnungen selbst durchführen.

3.1.3. Schülerexperimente

Jede der Schülergruppen erhält eine der folgenden Versuchsanordnungen zur Untersuchung von Bewegungsabläufen:

a) Anordnungen, bei denen gleichförmige Bewegungen ablaufen.
   1. Rollenfahrbahn mit Wagen und Startvorrichtung (Fa. Leybold-Heraeus); zur Überwindung der Reibung ist die Fahrbahn leicht geneigt.
   2. Elektrische Modelleisenbahn mit geradliniger Schiene.
   3. Aus "Fischertechnik"-Bauteilen zusammengestellte Anordnung aus einem Wagen, der über einen Seilzug von einem Elektromotor gezogen wird.
   4. Mit Wasser gefüllter Standzylinder aus Glas und verschieden großen Stahlkugeln. Die Schüler beobachten das Sinken der Stahlkugeln im Zylinder.

b) Anordnungen, bei denen ungleichförmige Bewegungen ablaufen.
   1. Rollenfahrbahn mit Wagen, der durch eine über eine Umlenkrolle verlaufende Schnur mit einem fallenden Körper verbunden ist und von diesem gezogen wird.
   2. Schiefe Ebene, auf der ein Wagen herabrollt.
   3. Im Schulflur lassen die Schüler Stahlkugeln von einer Ablaufrinne auf den Flurboden herabrollen. Sie beobachten die Bewegung der Kugeln, nachdem diese die Rinne verlassen haben.

Die Schülergruppen erhalten außerdem Stoppuhren und geeignete Längenmaßstäbe. Vor Durchführung der Experimente werden im Klassengespräch die einzelnen Schritte des Versuchsablaufs abgeklärt:

- Festlegung des Startpunkts ($t = 0$, $s = 0$), von dem aus die Bewegungen jeweils verfolgt werden sollen.
- Festlegung der Wegstrecken s_i, für die jeweils die Zeit t_i gemessen werden soll, die der Körper für ihre Zurücklegung benötigt. Um eine möglichst genaue Information über die Bewegungsabläufe zu erhalten, soll jeweils eine größere Zahl von Wegstrecken längs der erfaßbaren Bahn der Bewegung festgelegt werden.

- Festhalten der ermittelten Wertepaare (s_i, t_i) in einer entsprechenden Tabelle.
- Anfertigung eines t,s-Diagramms, in das die Bildpunkte der ermittelten Wertepaare eingetragen werden.

3.1.4. Auswertung der Experimente und Erarbeitung der Größe Geschwindigkeit

Nach Durchführung der Versuche berichten die Schülergruppen über ihre Experimente und stellen die erhaltenen Ergebnisse in Form von Tabellen und t,s-Diagrammen an der Tafel vor. In den Diagrammen werden durch die Bildpunkte Ausgleichskurven gezogen. Die sich so ergebenden Graphen werden als Abbildungen des Zusammenhangs zwischen Weg s und Zeit t in den jeweiligen Bewegungsabläufen interpretiert (Abb. 1)

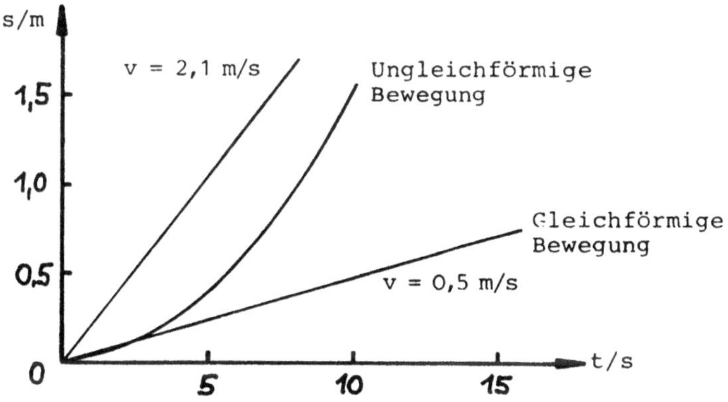

Abb. 1: t,s-Diagramm verschiedener Bewegungen

Es zeigt sich, daß bei einer Reihe der untersuchten Bewegungen die Graphen Ursprungsgeraden sind, während die übrigen Bewegungen durch gekrümmte Graphen repräsentiert werden. Für die erstere Art von Bewegungen folgt aus den Ursprungsgeraden, daß sich hier jeweils bei doppelter Zeit auch der vom Körper zurückgelegte Weg verdoppelt, bei dreifacher Zeit verdreifacht usw. Allgemein gehört zum n-fachen der Zeit t auch das n-fache des Wegs s. Den Schülern wird mitgeteilt, daß man eine geradlinige Bewegung, bei der sich in dieser Weise Weg und Zeit im "gleichen Maße" ändern,als gleichförmige Bewegung bezeichnet und dagegen bei einer Bewegung, die dieses Merkmal nicht aufweist, von einer ungleichförmigen Bewegung spricht.

Es werden nunmehr die beobachteten gleichförmigen Bewegungen weiter erörtert. Ausgehend von dem Sachverhalt, daß der Zusammenhang zwischen s und t bei diesen Bewegungen im t,s-Diagramm jeweils durch eine Ursprungsgerade veranschaulicht wird, kann die Erkenntnis erarbeitet werden, daß die Quotienten s_i/t_i für zusammengehörige Wertepaare (s_i,t_i) bei jeder dieser Bewegungen einen konstanten Wert haben. Greift man nämlich auf der Ursprungsgeraden zwei beliebige Wertepaare (s_1,t_1) und (s_2,t_2) heraus, so zeigt sich, daß $s_1/t_1 = s_2/t_2$ gilt. Zur Kontrolle werden auch in den Wertetabellen für die verschiedenen untersuchten gleichförmigen Bewegungen die aufgenommenen Meßwertepaare (s_i,t_i) auf diese Eigenschaft hin überprüft. Es ergibt sich, daß die Quotienten s_i/t_i bei jeder Bewegung jeweils um einen Mittelwert liegen, Abweichungen hiervon können auf Meßunsicherheiten zurückgeführt werden. Zwischen den Werten der konstanten Quotienten für die verschiedenen Bewegungen und der Steilheit der zugehörigen Ursprungsgeraden besteht ein Zusammenhang, je größer der Quotient ist, um so steiler verläuft die Gerade.

Bei einer gleichförmigen Bewegung ist also s_i/t_i = konst. oder allgemein s/t = konst. Man sagt auch, daß hier jeweils zusammengehörige Wertepaare (s_i,t_i) quotientengleich oder s und t quotientengleiche Größenpaare sind. Diese Eigenschaft wird nun als äquivalent zu dem Sachverhalt herausgestellt, daß bei einer gleichförmigen Bewegung sich Weg und Zeit in gleichem Maße ändern, d.h. zum n-fachen Größenwert von t auch der n-fache Größenwert von s gehört. Denn hieraus ergibt sich für zwei Größenwertpaare (s_1,t_1) und $(s_2 = ns_1,\ t_2 = nt_2)$ ebenfalls $s_1/t_1 = s_2/t_2$. Diese beiden Merkmale und der Sachverhalt, daß sich als Graph der Bewegung im t,s-Diagramm eine Ursprungsgerade ergibt, können nun zusammenfassend als äquivalente Ausdrucksformen eines bestimmten Zusammenhangs zwischen s und t gekennzeichnet werden. Dieser wird als Proportionalität bezeichnet, d.h. gleichförmige Bewegungen sind dadurch charakterisiert, daß der vom Körper zurückgelegte Weg s und die dafür benötigte Zeit t proportional zueinander sind, was symbolisch auch durch $s \sim t$ ausgedrückt wird.

Anhand der Diagramme werden dann folgende weitere Zusammenhänge herausgearbeitet. Hat ein Körper in der Zeit t_1 den Weg s_1 und in der Zeit $t_2 > t_1$ den Weg s_2 zurückgelegt, so hat er für den Wegabschnitt $\Delta s = s_2 - s_1$ die Zeitspanne $\Delta t = t_2 - t_1$ benötigt. Es zeigt sich, daß im Verlauf einer gleichförmigen Bewegung in gleich langen Zeitspannen auch immer gleich lange Wegabschnitte zurückgelegt werden, d.h. gleichförmige Bewegungen sind "gleichbleibend schnelle" Bewegungen. Aus den Graphen für ungleichförmige Bewegungen ergibt sich dagegen, daß hier die in gleich langen Zeitspannen zurückgelegten Wegabschnitte im Verlauf der Bewegung entweder immer größer oder immer kleiner, also die Bewegungen immer schneller oder immer langsamer werden. Es kann nun in den Diagrammen überprüft werden, daß bei einer gleichförmigen Bewegung der Quotient $\Delta s/\Delta t$ aus einem beliebigen Wegabschnitt Δs und der zugehörigen Zeitspanne Δt gleich dem Quotienten s/t für ein beliebiges Paar von Werten für s und t ist, $\Delta s/\Delta t = s/t$. Hieraus folgt, daß eine gleichförmige Bewegung um so schneller ist, je größer der für sie geltende Wert des konstanten Quotienten s/t ist, Denn, je größer dieser Quotient ist, um so größer sind auch die Wegabschnitte Δs, die der Körper im Verlaufe der Bewegung in jeweils gleich langen Zeitspannen Δt zurücklegt.

Durch den jeweils konstanten Quotienten aus Weg und Zeit werden somit gleichförmige Bewegungen hinsichtlich ihrer Schnelligkeit gekennzeichnet. Der Größenquotient s/t stellt daher eine physikalische Größe dar, die als Maß für die Schnelligkeit gleichförmiger Bewegungen festgelegt werden kann. Diese Größe wird Geschwindigkeit genannt und mit v bezeichnet. Es wird also definiert: Bei einer gleichförmigen Bewegung versteht man unter der Geschwindigkeit v den Quotienten aus der zurückgelegten Weglänge s und der dazu benötigten Zeit t,

$$v = \frac{s}{t}$$

Entsprechend dieser Definition ergibt sich als Maßeinheit der Geschwindigkeit $[v] = 1$ m/s, gebräuchlich sind auch 1 cm/s oder 1 km/h. Aus der Definitionsgleichung v = s/t ergeben sich durch Umformungen auch die Gleichungen s = vt und t = s/v. Mit Hilfe dieser drei Gleichungen kann bei Kenntnis von Größenwerten für zwei Größen der Wert der jeweils dritten Größe berechnet werden. Nach den vorangegangenen Erörterungen besteht schließlich auch der Sachverhalt: Je größer die Geschwindigkeit einer gleichförmigen Bewegung ist, um so steiler verläuft die Ursprungsgerade, durch die im t,s-Diagramm der Zusammenhang zwischen Weg und Zeit bei der Bewegung veranschaulicht wird.

3.1.5. Experimentelle Anwendungsaufgaben

Zur Anwendung und Festigung der erarbeiteten Lerninhalte wird jeder der Schülergruppen eine der folgenden experimentellen Aufgaben gestellt:

a) Über eine feste Rolle mit geringer Reibung verläuft eine Schnur, an deren Ende zwei gleich schwere Körper hängen. Wird ein Ende durch Auflegen eines kleinen Gewichtsstückes auf den dortigen Körper zusätzlich belastet, so setzt sich das System in Bewegung (Altwoodsche Fallmaschine). Während der Bewegung wird das zusätzliche Gewichtsstück wieder abgehoben. Es soll die Bewegungsform der Körper vor und nach dem Abheben des Gewichtsstückes festgestellt werden.

b) Ein Korkstopfen, durch den ein Eisennagel gesteckt ist, wird mit Hilfe eines Magneten am Boden eines mit Wasser gefüllten Standzylinders aus Glas festgehalten. Nach Entfernung des Magneten steigt der Korkstopfen zur Wasseroberfläche auf. Es soll die Form der Bewegung ermittelt werden.

c) Es soll die Form der Bewegung eines aufsteigenden und eines infolge zusätzlicher Belastung sinkenden Luftballons (mit Heliumfüllung) festgestellt werden. Zur Messung der Weglängen hängt an den Ballons jeweils eine Schnur mit einer Markierung.

d) Aus einem Vorratsgefäß fließt über einen Schlauch Wasser in einen Meßzylinder. Auf der Wasseroberfläche im Meßzylinder befindet sich ein Schwimmkörper. Es soll die Form der Steigbewegung des Schwimmkörpers ermittelt werden für den Fall, daß die Höhe des Wasserspiegels im Vorratsgefäß konstant gehalten wird, und für den Fall, daß das Vorratsgefäß nicht nachgefüllt wird.

3.2. Dichte

3.2.1. Didaktische Vorbemerkungen

Mit der Dichte lernen die Schüler erstmals eine physikalische Größe kennen, die eine Stoffeigenschaft beschreibt und die damit eine objektive Möglichkeit bietet, Stoffe zu identifizieren bzw. voneinander zu unterscheiden. Zur Definition dieser Größe führt die Erfahrung, daß für verschiedene homogene Körper aus demselben Stoff unter gleichen äußeren Bedingungen der Quotient aus der Masse und dem Volumen den gleichen Wert hat, also Masse und Volumen einander proportional sind. Da der Quotient nicht von den jeweiligen Größenwerten für Masse und Volumen abhängt, wird durch ihn eine Stoffeigenschaft erfaßt. In der Regel ist der Wert des Quotienten für verschiedene Stoffe verschieden groß, d.h. jeweils für die Stoffart charakteristisch. Mit dem Quotienten aus der Masse m und dem Volumen V homogener Körper liegt somit eine physikalische Größe vor, die ein unterscheidendes Merkmal der Stoffe beschreibt. Diese Größe wird Dichte ρ genannt, ihre Definitionsgleichung ist also $\rho = m/V$. Da jede Stoffart durch einen charakteristischen Dichtewert gekennzeichnet ist, bezeichnet man die Dichte auch als eine Stoff- und Materialkonstante. Über die Dichtebestimmung aus der Masse und dem Volumen der Körper können also die Stoffe identifiziert bzw. unterschieden werden, aus denen die Körper bestehen.

Da das Volumen der Körper von der Temperatur und dem Druck abhängt, ist die Dichte keine absolute Materialkonstante. Bei festen Körpern sind allerdings die Volumenänderungen bei nicht zu großen Temperatur- und Druckschwankungen praktisch vernachlässigbar. Bei flüssigen Körpern kommt meist nur dem Temperatureinfluß eine praktische Bedeutung zu. Die Änderung der Dichte mit der Temperatur ist jedoch auch hier noch so geringfügig, daß sie bei der Einführung des Dichtebegriffs in der Schulphysik nicht berücksichtigt zu werden braucht. Dagegen hängt die Dichte von Gasen stark von Druck und Temperatur ab. Für die Erarbeitung des Dichtebegriffs werden daher nur feste und flüssige Körper in Betracht gezogen.

Den Schülern soll in diesem Unterrichtsgang bewußt werden, daß zwischen Masse und Volumen der Körper und der Stoffart ein Zusammenhang besteht. Sie sollen selbst das experimentelle Erfahrungsmaterial sammeln, aus dem auf die Proportionalität zwischen Masse und Volumen für Körper aus demselben Stoff geschlossen werden kann, und sie sollen erkennen, daß die als Quotient aus Masse und Volumen definierte Größe Dichte eine Stoffeigenschaft kennzeichnet und zur Identifizierung von Stoffen herangezogen werden kann. Das entworfene Konzept für die Erarbeitung des Dichtebegriffs geht von der Voraussetzung aus, daß die Schüler Volumen und Masse von Körpern bestimmen können. Ihnen soll vertraut sein, wie das Volumen quaderförmiger Körper berechnet werden kann, und sie sollen das Volumen beliebig geformter Körper mit Hilfe eines Überlaufgefäßes messen können. Sie sollen die Massenbestimmungen unter Verwendung einer

Balkenwaage und eines Gewichtssatzes selbständig durchführen können. Darüber hinaus wird davon ausgegangen, daß die Schüler intuitiv die Körper hinsichtlich der Homogenitätseigenschaft unterscheiden, indem sie homogene Körper etwa als "durchgängig aus demselben Stoff bestehend" kennzeichnen und ihnen die Eigenschaft zuschreiben, daß beliebige Teile eines solchen Körpers bei gleichem Volumen auch gleiche Masse haben. Schließlich wird unterstellt, daß den Schülern der Proportionalitätsbegriff und die verschiedenen Erkenntniskriterien für die Proportionalität zwischen zwei Größen nicht völlig unvertraut sind (z.B. aufgrund der Behandlung der Geschwindigkeit im vorangegangenen Unterricht).

3.2.2. Problemstellung

Den Schülern wird ins Bewußtsein gerufen, daß Körper aus verschiedensten Stoffen bestehen und unterschiedlich in Volumen und Masse sein können. Während man somit Körper nach dem Volumen oder der Masse unterscheiden kann, ist aber bisher kein objektives Kriterium bekannt, nach dem entschieden werden könnte, aus welchem Stoff die Körper jeweils bestehen. Der Frage nach einem solchen Kriterium zur Unterscheidung bzw. Identifizierung der Stoffe soll weiter nachgegangen werden.

Es ist offensichtlich, daß ein solches Kriterium weder die Masse noch das Volumen der Körper sein kann, denn Körper aus verschiedenen Stoffen können gleiche Masse oder gleiches Volumen haben. Im Unterrichtsgespräch wird dann aber darauf hingelenkt, daß wohl insgesamt ein Zusammenhang zwischen Stoffart, Masse und Volumen zu bestehen scheint. Denn betrachtet man Masse und Volumen der Körper jeweils gleichzeitig, so zeigt sich ein Einfluß der Stoffart. Körper gleicher Masse haben in der Regel unterschiedliches Volumen, wenn sie aus verschiedenen Stoffen bestehen. Z.B. sind Würfel aus Holz, Eisen und Blei, die sich auf der Balkenwaage jeweils das Gleichgewicht halten, unterschiedlich groß. Umgekehrt haben Körper aus verschiedenen Stoffen bei gleichen Volumen in der Regel unterschiedliche Masse. Letzteres wird demonstriert durch Wägung gleich großer Würfel aus Holz, Glas, Eisen und Blei.

Allgemein stehen Masse und Volumen für Körper aus gleichem Stoff in einem gleichsinnigen Zusammenhang, d.h. die Masse ist um so größer, je größer das Volumen ist, und umgekehrt.

Offenbar ist aber der quantitative Zusammenhang zwischen Masse und Volumen für Körper aus verschiedenen Stoffen noch verschieden. Es kann daher vermutet werden, daß sich aus der genaueren Untersuchung dieses Zusammenhangs für Körper aus verschiedenen Stoffen Erkenntnisse hinsichtlich eines Kriteriums zur Unterscheidung bzw. Identifizierung der Stoffe gewinnen lassen. Damit ist die Motivation für die Messung von Masse-Volumen-Zuordnungen an Körpern aus verschiedenen Stoffen gegeben. Die entsprechenden Experimente sollen von den Schülern in Gruppen von jeweils zwei bis drei Schülern selbst durchgeführt werden.

3.2.3. Schülerexperimente

An jede Schülergruppe werden je 5 feste homogene Körper verschiedenen Volumens aus zwei verschiedenen Materialien verteilt (Eisen und Aluminium, Kupfer und Trovidur, Blei und Buchenholz, Messing und Marmor, Glas und Plexiglas). Ein Teil der Körper aus jedem Material ist quaderförmig, der Rest von beliebiger Form. Die Körper sind willkürlich numeriert. Jede Gruppe erhält außerdem eine Schieblehre, ein Überlaufgefäß und eine Balkenwaage mit Wägesatz (Aufbau-Balkenwaagen für Schülerexperimente aus dem Angebot der Lehrmittelindustrie). Die Schüler sollen für jeden Körper Masse und Volumen bestimmen, die Meßwerte in einer Tabelle festhalten und die Meßpunkte (V_i, m_i) in ein V,m-Diagramm eintragen.

3.2.4. Auswertung der Experimente und Erarbeitung der Größe Dichte

Zwei Schülergruppen tragen ihre Meßergebnisse in ein V,m-Diagramm an der Tafel ein. Es zeigt sich, daß sich die Meßpunkte (V_i, m_i) für die verschiedenen Körper aus ein und demselben Material jeweils in einem Bereich anordnen. Die übrigen Schülergruppen können diesen Sachverhalt auch für ihre Meßergebnisse in den jeweils selbst erstellten Diagrammen feststellen. Durch die zu jeweils demselben Stoff gehörigen Meßpunkte lassen sich unter Berücksichtigung von Meßunsicherheiten als Ausgleichskurven Ursprungsgeraden zeichnen. Diese Graphen werden interpretiert als Abbildungen des allgemeinen Zusammenhangs zwischen der Masse m und dem Volumen V für Körper aus dem jeweiligen Stoff (Abb. 2).

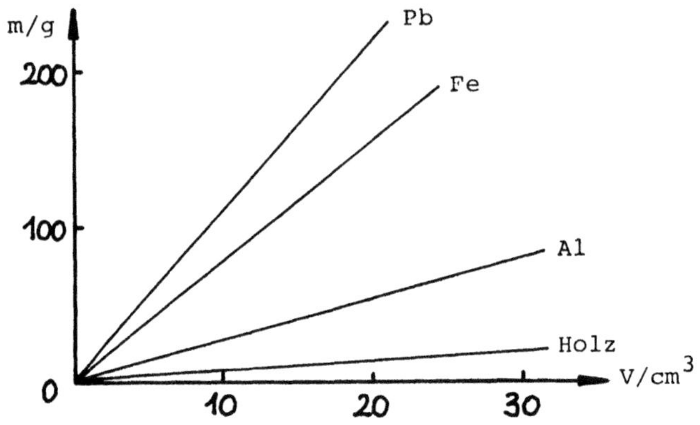

Abb. 2: V,m-Diagramm verschiedener Stoffe

Aus der Ursprungsgeraden kann als Eigenart des Zusammenhangs zwischen Masse und Volumen abgelesen werden, daß die Masse von Körpern aus jeweils demselben Stoff in gleichem Maße zunimmt, wie das Volumen, d.h. ein Körper der das doppelte, dreifache, ...n-fache Volumen eines Vergleichskörpers hat, hat auch die doppelte, dreifache, ...n-fache Masse dieses Körpers. Aus diesem Sachverhalt oder gleichfalls unmittelbar aus den Ursprungsgeraden folgt dann aber auch, daß der Quotient m/V für alle Körper aus demselben Stoff den gleichen Wert hat, also konstant ist. Dieses wird für die aufgenommenen Meßwerte (V_i, m_i) selbst nochmals explizit überprüft. Es zeigt sich, daß die Quotienten m_i/V_i für die untersuchten Körper aus gleichem Stoff jeweils um einen Mittelwert liegen. Abweichungen lassen sich auf Meßunsicherheiten zurückführen. Somit kann die jeweilige Konstanz des Quotienten als bestätigt angesehen werden.Es ist also für alle Körper aus demselben Stoff m/V = konst., d.h. m und V sind quotientengleiche Größenpaare.

Für die verschiedenen Stoffarten ergeben sich unterschiedlich große Werte für den jeweils konstanten Quotienten m/V, d.h. jede Stoffart ist durch einen für sie charakteristischen Quotientenwert gekennzeichnet. Je größer dieser ist, um so steiler verläuft auch die Ursprungsgerade, die im V,m-Diagramm den Zusammenhang zwischen m und V für Körper aus der jeweiligen Stoffart veranschaulicht. Die unterschiedlichen Werte von m/V für verschiedene Stoffe können jetzt auch als

Grund für den Erfahrungssachverhalt erkannt werden, daß Körper aus verschiedenen Stoffen bei gleichem Volumen unterschiedlich große Massen bzw. bei gleichen Massen unterschiedlich große Volumina haben.

Der aufgedeckte Zusammenhang zwischen der Masse m und dem Volumen V von Körpern aus gleichem Stoff in den äquivalenten Ausdrucksdormen: "a) zum n-fachen von V gehört auch das n-fache von m, b) m/V = konst. und c) der Graph des Zusammenhangs im V,m-Diagramm ist eine Ursprungsgerade" wird nunmehr zusammenfassend als Proportionalität gekennzeichnet. Kurz ausgedrückt besteht also der Sachverhalt, daß für alle Körper aus demselben Stoff Masse und Volumen einander proportional sind: $m \sim V$. Hierbei ist anzumerken, daß diese Eigenschaft nur unter der Voraussetzung gilt, daß die Körper wie die in den Experimenten untersuchten jeweils durchgängig aus demselben Stoff bestehen, d.h. "homogen" sind.

Es wird jetzt herausgestellt und den Schülern bewußt gemacht, daß der Quotient m/V keine Körpereigenschaft, sondern eine Eigenschaft der Stoffe beschreibt, denn sein Wert hängt ja nicht mehr von den jeweiligen Größenwerten von m und V der Körper ab, sondern nur noch von der Stoffart, aus der sie bestehen (daß dieses allgemein nur unter der Voraussetzung konstanter äußerer Bedingungen gilt, wird hier nicht problematisiert). Somit stellt der Quotient m/V eine physikalische Größe dar, die ein Merkmal der Stoffe kennzeichnet. Diese Größe wird Dichte ρ genannt. Ihre Definition lautet also: Unter der Dichte ρ eines Stoffes versteht man den Quotienten aus der Masse m und dem Volumen V eines homogenen Körpers aus diesem Stoff,

$$\rho = \frac{m}{V}$$

Aus dieser Definitionsgleichung ergibt sich als Meßeinheit der Dichte $[\rho] = 1\ kg/m^3$, oft werden Dichten auch in der Einheit $1\ g/cm^3$ angegeben.

Aus dem Vorangegangenen folgt, daß jeder Stoff durch einen charakteristischen konstanten Dichtewert gekennzeichnet ist. Daher wird die Dichte auch als eine Stoff- oder Materialkonstante bezeichnet. Die Dichtewerte, die von den Schülergruppen aus der Auswertung ihrer Meßergebnisse für die verschiedenen

Stoffe erhalten wurden, werden an der Tafel aufgelistet. Es kann nunmehr herausgestellt werden, daß mit der Größe Dichte eine Antwort auf die Ausgangsfrage nach einem objektiven Kriterium bzw. Identifizierung von Stoffen gefunden ist. Anhand der Dichtewerte, die sich aus den Massen und Volumina zweier Körper ergeben, kann entschieden werden, ob die Körper aus gleichen oder verschiedenen Stoffen bestehen. Zur Identifizierung der Stoffe können die Dichtewerte mit den in einer "Dichtetabelle" für die verschiedenen Stoffe aufgeführten Dichten aus Präzisionsmessungen verglichen werden. Schließlich folgen aus der Definitionsgleichung $\rho = m/V$ durch entsprechende Umformungen auch die Gleichungen $m = \rho \cdot V$ und $V = m/\rho$. Mit Hilfe dieser drei Gleichungen kann bei Kenntnis der Größenwerte für zwei der Größen V, m, ρ der Größenwert der jeweils dritten Größe berechnet werden.

3.2.5. Experimentelle Anwendungsaufgaben

Zur Anwendung und Festigung des Dichtebegriffs werden den Schülergruppen folgende experimentelle Aufgaben gestellt, wobei ihnen die gleichen Geräte wie unter 3.2.3. zur Verfügung stehen:

a) Jede Schülergruppe soll die Dichte einer Flüssigkeit bestimmen. Verteilt werden in Meßzylindern: Spiritus, Speiseöl, Wasser, Glyzerin, Tetrachlorkohlenstoff.

b) Jede Schülergruppe erhält zwei homogene feste Körper aus verschiedenen "unbekannten" Stoffen und eine "Dichtetabelle". Es sollen die Stoffe identifiziert werden. Verteilt werden Körper aus Hartgummi, Teflon, Graphit, Beryllium,Germanium, Zink, Nickel, Molybden, Tantal und Wolfram.

c) Jede Schülergruppe erhält eine Eierkohle. Es soll nach deren Zertrümmerung das Volumen eines Brockens bestimmt werden, unter der Vorgabe, daß der Brocken nur noch gewogen werden kann. Das Ergebnis soll dann anschließend durch direkte Volumenmessung mit dem Überlaufgefäß überprüft werden.

3.3. Hookesches Gesetz

3.3.1. Didaktische Vorbemerkungen

Als Hookesches Gesetz wird im Physikunterricht der Sekundarstufe I die spezielle Aussage bezeichnet, daß die Längenänderung s einer Schraubenfeder proportional zur angreifenden Kraft F ist. Dabei ist vorausgesetzt, daß die Wirkungslinie der Kraft in der Achse der Feder verläuft. Die Proportionalität ist nur innerhalb eines gewissen Bereichs der Längenänderung bzw. der Kraft gültig, dieser muß für jede Feder experimentell bestimmt werden. Innerhalb des Gültigkeitsbereiches des Hookeschen Gesetzes ist die Verformung der Feder elastisch, d.h. nach Wegfall der Kraft auf die Feder nimmt diese wieder ihre ursprüngliche Länge an (allerdings ist die Proportionalitätsgrenze nicht mit der Elastizitätsgrenze identisch, es können auch oberhalb der Proportionalitätsgrenze zunächst noch elastische Verformungen auftreten). Die Proportionalität zwischen F und s besagt, daß $F/s = \text{konst.}$ ist. Der konstante Quotient hat für verschiedene Federn verschiedene Werte, d.h. er kennzeichnet die jeweilige Feder. Man bezeichnet ihn als Federkonstante oder Federhärte D. Schraubenfedern werden hauptsächlich aus Stahl hergestellt. Außer vielfältigstem Einsatz in der Industrie und Technik werden sie u.a. zum Bau von Geräten zur statischen Messung von Kräften verwendet. Aufgrund des Hookeschen Gesetzes ergeben sich bei solchen Federkraftmessern äquidistante Skaleneinteilungen.

Im Physikunterricht der Sekundarstufe I wird das Hookesches Gesetz im Zusammenhang mit oder unmittelbar nach der Einführung des Kraftbegriffs behandelt. Als Kräfte werden die Ursachen für die Verformung von Körpern oder für die Änderung ihres Bewegungszustandes gekennzeichnet. Die physikalische Kraft wird als Grundgröße eingeführt. Ihre Definition erfolgt durch Festlegung einer Bedingung für die Gleichheit und Vielfachheit von Kräften und einer Krafteinheit. Zur Festlegung der Kräftegleichheit werden die verformenden Wirkungen von Kräften zugrundegelegt, und zwar speziell die Verformung von Schraubenfedern. Die Festlegung der Vielfachheit von Kräften erfolgt entweder über die Postulierung der Additivität von parallel gerichteten Federkräften oder der Additivität von Gewichtskräften. Als Krafteinheit 1 Newton (1 N) wird entweder die Federkraft eingeführt, die eine bestimmte "Normfeder" bei einer bestimmten Verlängerung ausübt, oder die Gewichtskraft, die ein Körper der Masse m = 102 g (am Normort) erfährt.

Unabhängig davon, auf welchem Wege die Kraft eingeführt wird, erreicht der Unterrichtsgang ein Stadium, in dem erarbeitet ist, daß ein Körper der Masse m (in kg) eine Gewichtskraft F_G (in N) erfährt, deren Zahlenwert sich aus dem von m durch Multiplikation mit dem Faktor 9,81 (rund 10) ergibt. Außerdem ist den Schülern dann die Additivitätseigenschaft von Gewichtskräften bekannt, d.h. der Sachverhalt, daß auf einen Körper, der durch mehrere andere Körper belastet wird, eine Kraft wirkt, die gleich der Summe der Gewichtskräfte ist, die die belastenden Körper einzeln erfahren. Dieses Stadium wird für die nachfolgend dargestellte Erarbeitung des Hookeschen Gesetzes vorausgesetzt. Motiviert wird die Untersuchung des Zusammenhangs zwischen der Verlängerung von Schraubenfedern und der angreifenden Kraft mit dem Anliegen, Schraubenfedern als Kraftmesser verwenden zu wollen.

Da die Schüler meist intuitiv davon ausgehen, daß bei Verdoppelung, Verdreifachung, usw. der angreifenden Kraft sich auch die Verlängerung einer Schraubenfeder verdoppelt, verdreifacht, usw., also zwischen Verlängerung und Kraft Proportionalität besteht, ist es wichtig, daß ihnen bewußt wird, daß für diese Annahme keine zwingende Notwendigkeit besteht. Dazu sollen von ihnen außer Schraubenfedern aus Stahl auch eine selbstgewickelte Feder aus Kupferdraht und ein Gummiband hinsichtlich des Zusammenhangs zwischen Verlängerung und angreifender Kraft untersucht werden. Im übrigen wird vorausgesetzt, daß den Schülern nunmehr die Erkenntniskriterien für einen proportionalen Größenzusammenhang aus der Behandlung der Geschwindigkeit und der Dichte geläufig sind.

3.3.2. Problemstellung

Es wird mit den Schülern erörtert, daß zwar mit den getroffenen Festlegungen zur Einführung der Kraft als physikalische Größe eine Meßvorschrift für Kräfte vereinbart ist, daß diese aber für praktische Kraftmessungen unbequem ist. Hieraus ergibt sich die Frage nach einer praktikableren Möglichkeit der Kraftmessung, d.h. nach einem geeigneten Kraftmesser. Da die Verlängerung von Schraubenfedern oder Gummibändern bei Einwirkung einer Kraft relativ leicht quantitativ erfaßt werden kann, ist es naheliegend, derartige Körper zum Bau von Kraftmessern heranzuziehen. Um eine Kraftmessung zu ermöglichen, muß ein solcher Kraftmesser kalibriert werden, d.h. es muß mit bekannten Kräften der Zusammenhang zwischen der Verlängerung s des jeweiligen Körpers und der angreifenden Kraft F ermittelt werden. Dieser Zusammenhang wird auf der Ableseskala des Kraftmessers festgehalten. Ein Kraftmesser wäre nun aber als ständig einsetzbares Meßgerät unbrauchbar, wenn sich nach jeder Messung seine Skala, d.h. der Zusammenhang zwischen s und F ändern würde. Das bedeutet, daß nur solche Körper für den Bau von Kraftmessern geeignet sind, deren Verlängerung nach Wegfall der Kraft auch wieder völlig zurückgeht, die also dann wieder ihre ursprüngliche Länge annehmen, und für die bei jeder erneuten Belastung der gleiche Zusammenhang zwischen s und F gilt. Körper mit dieser Eigenschaft werden als elastisch bezeichnet.

Im Hinblick auf den Bau eines Kraftmessers ergibt sich somit die Motivation, für verschiedene Schraubenfedern und Gummibänder den Zusammenhang zwischen Verlängerung und angreifender Kraft sowie die Elastizitätseigenschaft experimentell zu untersuchen. Die Experimente sollen von den Schülern in Gruppen von zwei bis drei Schülern selbst durchgeführt werden.

3.3.3. Schülerexperimente

Jede Schülergruppe erhält drei verschiedene Schraubenfedern aus Stahl, eine selbstgewickelte Schraubenfeder aus Kupferdraht und einen Verpackungs-Gummiring, ferner einen 1m-Maßstab mit zwei Schiebern und einem Tonnenfuß zur senkrechten Aufstellung des Meßstabes, einen Teller (m = 50 g) für Schlitzgewichtsstücke und acht 50 g-Schlitzgewichtsstücke sowie Stativmaterial. Die Schraubenfedern bzw. der Gummiring können jeweils an einem Haken am aufzubauenden Stativ aufgehangen werden, am unteren Ende kann der Gewichtsteller angehangen werden (Abb. 3).

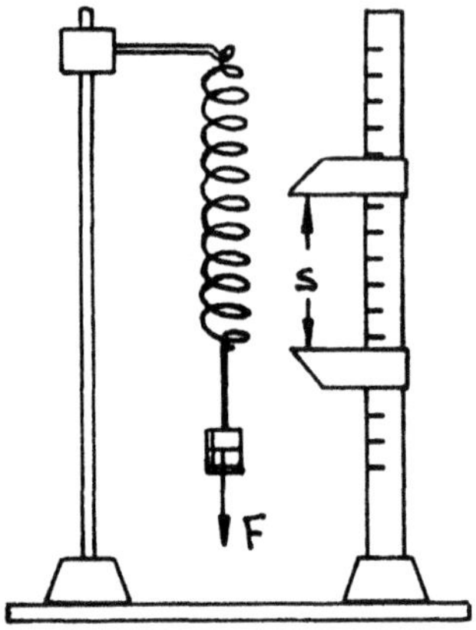

Abb. 3: Versuchsaufbau zum Hookeschen Gesetz

Bei schrittweise zunehmender und anschließend abnehmender Belastung der Körper durch sukzessives Auflegen der 50 g-Gewichtsstücke auf den Teller bzw. Abheben von diesem soll jeweils die Verlängerung s der Körper gemessen werden. Die geringste Belastung erfolgt durch den angehängten Teller. Von den Schülern ist aus der Masse m der jeweils belastenden Körper die Kraft F zu bestimmen (Gewichtskraft), die an den Federn bzw. dem Gummiring angreift. Die einander zugeordneten Größenwerte (s_i,F_i) sind in einer Tabelle festzuhalten und die entsprechenden Meßpunkte in einem s,F-Diagramm einzutragen. Nach dem Versuchsdurchgang sollen die Messungen an den Schraubenfedern aus Stahl einmal wiederholt werden.

3.3.4. Auswertung der Experimente und Erarbeitung des Hookeschen Gesetzes

Eine Schülergruppe trägt an der Tafel ihre Meßergebnisse für die untersuchten Schraubenfedern aus Stahl gemeinsam in ein s,F-Diagramm und die Ergebnisse für die Schraubenfedern aus Kupferdraht und für den Gummiring gemeinsam in ein zweites Diagramm ein. Durch die Meßpunkte für die jeweiligen Körper werden unter Berücksichtigung der Meßunsicherheiten "Ausgleichskurven" gezogen. Sie veranschaulichen den Zusammenhang zwischen Verlängerung s und angreifender Kraft F bei den einzelnen Körpern. Für die Schraubenfedern aus Stahl ergeben sich als Graphen Ursprungsgeraden, für die übrigen Körper sind die Graphen gekrümmt (Abb. 4). Die anderen Schülergruppen können diese Sachverhalte auch für ihre Meßergebnisse feststellen.
Aus den Graphen für die Kupferfeder und den Gummiring läßt sich nun erkennen, daß diese Körper nicht elastisch sind. Nachdem sie verlängert worden sind, nehmen sie bei anschließender völliger Entlastung (F = 0) nicht wieder ihre ursprüngliche Länge an, es verbleibt eine gewisse Verlängerung. Darüber hinaus ist der Zusammenhang zwischen s und F bei Zu- und Abnahme

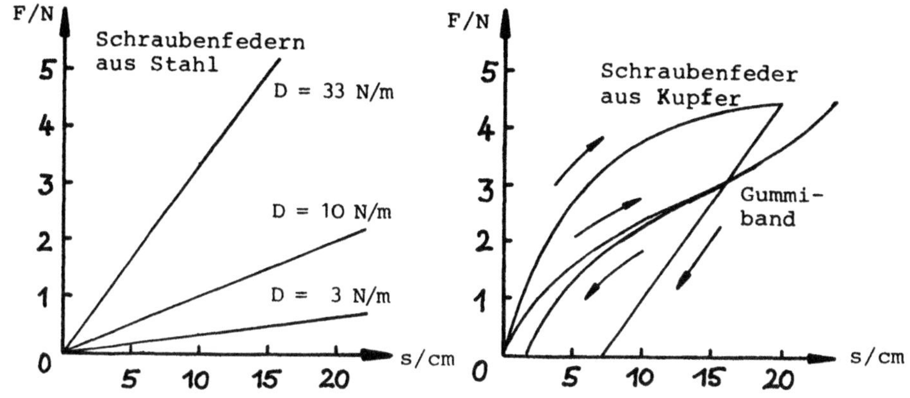

Abb. 4: s,F-Diagramm verschiedener Verformungen

der Belastung verschieden, d.h. die Verlängerung dieser Körper bei einer bestimmten Kraft hängt davon ab, wie die Körper vorher beansprucht worden sind. Zur Verwendung als Kraftmesser sind daher diese Körper ungeeignet.

Die Stahlfedern erweisen sich dagegen als elastisch, sie nehmen nach Wegfall der Belastung wieder ihre ursprüngliche Länge an. Bei ihnen besteht bei zu- und abnehmender Belastung jeweils der gleiche Zusammenhang zwischen Verlängerung und angreifender Kraft. Wie die Wiederholungsmessungen an diesen Federn gezeigt haben, reproduziert sich dieser Zusammenhang auch immer wieder, d.h. er ist unabhängig davon gültig, wie die Federn vorher beansprucht worden sind. Hinsichtlich dieser Feststellungen für Stahlfedern muß vom Lehrer jetzt jedoch hervorgehoben werden, daß sie allgemein nur gelten, solange die Federn nicht über eine gewisse Grenze hinaus belastet werden. Wird diese Grenze überschritten, so treten bleibende Verformungen auf und die Federn verlieren die erörterten Eigenschaften. Die Belastungsgrenze ist von der jeweiligen Feder abhängig und kann nur durch Erfahrung ermittelt werden. Unter Berücksichtigung dieser Einschränkung zeigt sich also, daß bei Stahlfedern die Voraussetzung für eine Verwendung als Kraftmesser vorliegen. Man nennt Kraftmesser, bei denen die Kraftmessung über die Verformung elastischer Federn erfolgt, Federkraftmesser.

Nunmehr wird der bei den Stahlfedern vorliegende Zusammenhang zwischen s und F weiter erörtert. Es kann davon ausgegangen werden, daß die Schüler den Zusammenhang bei jeder dieser Federn als Proportionalität ansprechen, indem sie die äquivalenten Merkmale dafür erkennen: a) der Graph ist eine Ursprungsgerade, b) zum n-fachen von F gehört auch das n-fache von s und c) der Quotient F/s ist konstant. Bei der Überprüfung der letzten beiden Merkmale anhand der Meßwerte (s_i, F_i) für jede Feder können Abweichungen auf Meßunsicherheiten zurückgeführt werden. Die Konstanz von F/s erweist sich darin, daß alle Quotienten F_i/s_i um einen Mittelwert liegen. Dieser kann als allgemeingültiger Wert für F/s bei der betreffenden Feder angesehen werden.

Bei einer elastischen Schraubenfeder sind also die Verlängerung s und die angreifende Kraft F einander proportional: $F \sim s$, d.h. der Quotient aus F und s ist konstant: F/s = konst. Diese Gesetzmäßigkeit wird Hookesches Gesetz genannt. Da, wie oben erörtert wurde, eine elastische Schraubenfeder bei Belastung oberhalb einer gewissen Grenze ihre Elastizitätseigenschaft verliert, ist das Hookesche Gesetz nur innerhalb eines gewissen Belastungsbereichs gültig. Der Gültigkeitsbereich muß für jede Feder experimentell festgestellt werden.

Für die verschiedenen untersuchten Stahlfedern ergeben sich unterschiedliche Werte für den jeweils konstanten Quotienten F/s. Je größer der Quotient für eine Feder ist, um so steiler verläuft auch ihre Ursprungsgerade im s,F-Diagramm, d.h. um so größer ist die Kraft, die für eine bestimmte Verlängerung der Feder erforderlich ist. Man bezeichnet von zwei Federn diejenige auch als die "härtere", bei der für eine bestimmte Verlängerung die größere Kraft benötigt wird. Somit kennzeichnet der jeweils konstante Quotient F/s die Härte der Federn, d.h. durch ihn wird eine Federeigenschaft beschrieben. Der Quotient F/s wird Federkonstante oder Federhärte genannt und mit D bezeichnet. Für die Federkonstante gilt also die Definition: D = F/s. Die Einheit der Federkonstante ist $[D] = 1 N/m$, oft wird auch die Einheit $[D] = 1\ cN/cm$ benutzt.

Je größer also die Federkonstante einer elastischen Schraubenfeder ist, um so härter ist die Feder und um so steiler verläuft auch die Ursprungsgerade im s,F-Diagramm, die den für die Feder bestehenden Zusammenhang zwischen der Verlängerung s und der angreifenden Kraft F abbildet. Aus D = F/s folgt durch Umformung auch die Gleichung F = Ds. Mit ihr kann im jeweiligen Gültigkeitsbereich des Hookeschen Gesetzes die für eine bestimmte Verlängerung einer Feder erforderliche Kraft berechnet werden, wenn die Federkonstante der Feder bekannt ist. Sie kann benutzt werden, um eine elastische Schraubenfeder als Kraftmesser zu kalibrieren, indem eine Skala erstellt wird, auf der für bestimmte Werte der Verlängerung s der Feder die jeweils zugeordneten Werte der angreifenden Kraft F markiert sind. Da für die doppelte, dreifache, ...n-fache Verlängerung auch die doppelte, dreifache, ...n-fache Kraft erforderlich ist, hat die Skala eine gleichmäßige Unterteilung.

3.3.5. Experimentelle Anwendungsaufgaben

Zur Anwendung und Festigung der erarbeiteten Lerninhalte sollen die Schülergruppen mit den unter 3.3.3. genannten Hilfsmitteln die folgenden experimentellen Aufgabenstellungen bearbeiten:
a) Für eine aus Blumendraht gewickelte Schraubenfeder soll festgestellt werden, ob für sie das Hookesche Gesetz gilt.
b) Eine Schraubenfeder aus Stahl soll als Kraftmesser kalibriert werden, indem auf einem unmittelbar hinter der Feder aufgehangenen Papierstreifen eine Skala mit zugeordneten Werten für die Verlängerung der Feder und die angreifende Kraft erzeugt wird. Die Kalibrierung soll mit einem schulüblichen Federkraftmesser überprüft werden.

3.4. Druck

3.4.1. Didaktische Vorbemerkungen

Die physikalische Größe Druck wird im Physikunterricht der Sekundarstufe I bei der Behandlung mechanischer Eigenschaften von Flüssigkeiten und Gasen eingeführt. Dabei wird von dem Phänomen ausgegangen, daß eingeschlossene Flüssigkeiten und Gase in einen Zustand versetzt werden können, in dem sie auf jede ihrer Begrenzungsflächen eine Kraft ausüben. Ein solcher Zustand wird als ein "Druckzustand" bezeichnet und die auf die Begrenzungsflächen wirkenden Kräfte werden "Druckkräfte" genannt.
Ein Druckzustand wird in einer eingeschlossenen Flüssigkeit bzw. einem eingeschlossenen Gas hervorgerufen, wenn auf diese über eine bewegliche Begrenzungsfläche, z.B. über einen Stempel, von

außen eine Kraft wirkt. Dies kann z.B. mit Hilfe von Glasspritzen (Kolbenprober) demonstriert werden. Wird auf den Stempel einer mit Wasser gefüllten Spritze gedrückt, also auf das Wasser eine Kraft ausgeübt, so wirkt das Wasser infolge des entstehenden Druckzustandes mit einer Druckkraft auf den Stempel zurück. Aber auch auf die Öffnungsfläche der Spritze wirkt dann eine Druckkraft, die Öffnung kann z.B. nur unter Aufwendung einer gewissen Kraft mit dem Daumen verschlossen gehalten werden. Wird die Öffnung nicht verschlossen (hier ist die Begrenzungsfläche dann beweglich), so wird aus ihr durch die Druckkraft Wasser herausgespritzt. Bei Verwendung einer Kugelspritze, die allseitig Düsenöffnungen besitzt, spritzt Wasser beim Hineindrücken des Stempels gleichmäßig aus allen Öffnungen. Der Druckzustand äußert sich also durch Druckkräfte auf alle Begrenzungsflächen. Druckzustände von Gasen lassen sich ähnlich demonstrieren. Bekannt ist auch das Beispiel, die Luft in einer Fahrradpumpe in einen Druckzustand zu versetzen, indem man die Öffnung mit dem Daumen verschließt und den Stempel hineindrückt. Aufgepumpte Ballblasen, Fahrradschläuche, Luftballons blähen sich auf, und zwar nach allen Seiten gleichmäßig, d.h. die eingeschlossene Luft befindet sich hier jeweils in einem Druckzustand und es zeigt sich wieder dessen Kennzeichnung durch allseitig auftretende Druckkräfte. Aus der Art, wie sich die Druckkräfte jeweils auswirken, ist zu schließen, daß sie stets senkrecht auf die Angriffsflächen wirken.

Bei dieser phänomenologischen Betrachtung von Druckzuständen zur Einführung des Druckbegriffs bleibt unberücksichtigt, daß insbesondere in eingeschlossenen Flüssigkeiten immer auch schon ein Druckzustand aufgrund der auf die Flüssigkeiten wirkenden Gewichtskräfte herrscht. Der hieraus resultierende Schweredruck wird erst später behandelt. Die Erörterungen werden also zunächst auf Druckzustände beschränkt, die durch "Stempelkräfte" auf eingeschlossene Flüssigkeiten und Gase hervorgerufen werden. Zur quantitativen Kennzeichnung der Druckzustände wird dann die physikalische Größe Druck p als Maß für die Druckzustände eingeführt. Die Druckdefinition erfolgt aufgrund der experimentellen Feststellung, daß bei einem in einer Flüssigkeit oder einem Gas herrschenden Druckzustand zwischen der auf eine Begrenzungsfläche wirkenden Kraft F und dem Flächeninhalt A der Fläche Proportionalität besteht, $F \sim A$. Es ist also für einen Druckzustand $F/A = \text{konst.}$ Für verschiedene Druckzustände hat der jeweils konstante Quotient F/A verschieden große Werte, d.h. jeder Druckzustand ist durch einen charakteristischen Wert für den Quotienten F/A gekennzeichnet. Daher wird der Druck p als Maß für die Druckzustände definiert durch $p = F/A$.

Bei dem nachfolgend dargestellten Konzept zur Erarbeitung der Größe Druck unter Einsatz von Schülerexperimenten wird vorausgesetzt, daß die zum Begriff des Druckzustandes führenden Phänomene und dessen qualitative Kennzeichnung im Unterricht behandelt worden sind. Ferner wird davon ausgegangen, daß den Schülern der Begriff des Kräftegleichgewichts und der Proportionalitätsbegriff vertraut sind.

3.4.2. Problemstellung

Es wird die Frage nach einer Möglichkeit zur quantitativen Kennzeichnung des Druckzustandes einer Flüssigkeit bzw. eines Gases aufgeworfen. Im Unterrichtsgespräch wird mit den Schülern abgeklärt, daß hierfür die Druckkraft, die auf eine Begrenzungsfläche wirkt, allein nicht geeignet ist, denn die Größe der Kraft hängt noch von der Größe der Fläche ab. Ein aufgeblasener Fußball z.B. läßt sich mit dem Daumen noch eindrücken, aber nicht mehr mit der ganzen Handfläche. Die Ballhülle erfährt also auf einer Fläche von der Größe der Handfläche durch die Luft im Ball eine viel größere Druckkraft als auf eine kleinere Fläche von der Größe der Daumenauflagefläche. Als ein anderes Beispiel kann folgender den Schülern bekannter Sachverhalt angeführt werden. Das Wasser in der Wasserleitung befindet sich in einem Druckzustand. Ein kleines Loch in der Leitung läßt sich mit dem Daumen leicht verschließen, nicht aber der ganze Querschnitt der Leitung, wenn diese bricht. Aufgrund der Abhängigkeit der auf eine Fläche wirkenden Druckkraft von der Größe dieser Fläche liegt es jetzt nahe, zur Unterscheidung verschiedener Druckzustände die Größe der Kraft ins Auge zufassen, die jeweils auf eine gleich große Fläche ausgeübt wird. Da aber nicht bekannt ist, ob diese Fläche beliebig gewählt werden kann, ohne daß die Unterscheidungsmöglichkeit verloren geht, muß der Zusammenhang zwischen Kraft und Fläche für verschiedene Druckzustände experimentell ermittelt werden. Die hierfür vorgesehenen Versuche sollen von den Schülern selbst durchgeführt werden.

3.4.3. Schülerexperimente

Die Experimente werden mit Hilfe von Anordnungen aus jeweils drei durch Schläuche untereinander verbundenen Glasspritzen unterschiedlichen Querschnitts ($A_1 = 1{,}9\ cm^2$, $A_2 = 4{,}9\ cm^2$, $A_3 = 8{,}6\ cm^2$) durchgeführt (Abb. 5).

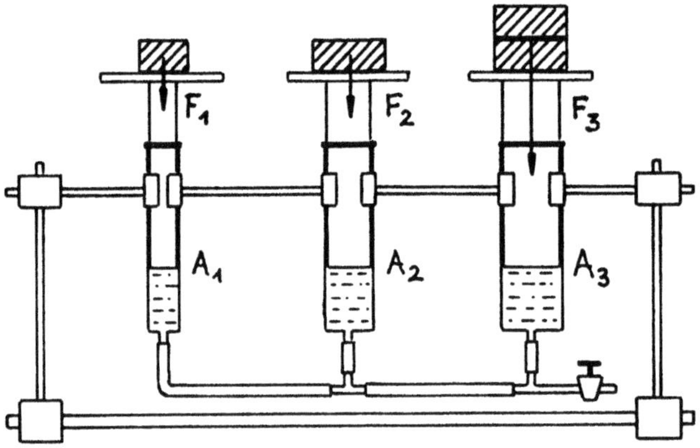

Abb. 5: Versuchsaufbau zur Erarbeitung der Größe "Druck"

Auf den Stempeln der Glasspritzen lagern eingelassene Holzbretter zur Auflage von Wägestücken. Die Masse jedes Stempels einschließlich Holzbrett ist bekannt. Vom Lehrer wird das Prinzip der Durchführung der Experimente an einer Anordnung erläutert und demonstriert. Das System ist etwa bis zur halben Höhe der Spritzen mit Spiritus gefüllt. Die Stempel grenzen blasenfrei an die Flüssigkeitsoberflächen in den Spritzen. Durch Auflage von Wägestücken auf einen Stempel wird ein Druckzustand in der Flüssigkeit erzeugt. Infolge der dabei auftretenden Druckkräfte auf die beiden anderen Stempel werden diese nach oben geschoben. Durch geeignete Auflagen von Wägestücken kann erreicht werden, daß alle Stempel wieder zur Ruhe kommen (zur Herabsetzung der Reibung müssen dabei die Stempel leicht gedreht werden). An jedem Stempel herrscht dann Gleichgewicht zwischen der angreifenden Druckkraft F und der auf den Stempel wirkenden Gewichtskraft F_G, $F = F_G$. Die Gewichtskraft F_G kann bestimmt werden aus der Gesamtmasse des Stempels einschließlich Holzbrett und der aufgelegten Wägestücke. Die Wertepaare (A_i, F_i) für die drei Spritzen ($i = 1,2,3$) sind

"Meßwerte" für den Zusammenhang von F und A in dem vorliegenden Druckzustand. Durch Änderung der Belastung an einem Stempel kann die Flüssigkeit in einen anderen Druckzustand versetzt werden. Indem wieder Kräftegleichgewicht an den Stempeln hergestellt wird, ergeben sich die Meßwerte (A_i, F_i) für diesen Zustand. Zur Durchführung der entsprechenden Versuche an einem Gas wird in das Spritzensystem Luft eingeschlossen.

Es standen vier Versuchsanordnungen der beschriebenen Art zur Verfügung, so daß eine Aufteilung der Klasse in vier Schülergruppen vorgesehen werden mußte. Zwei Schülergruppen sollen in der geschilderten Weise Kraft-Fläche-Zusammenhänge für jeweils drei verschiedene Druckzustände in Spiritus ermitteln, die übrigen beiden Gruppen sollen entsprechende Untersuchungen an eingeschlossener Luft durchführen. Nach dem Versuchsdurchgang sollen die Messungen für jeden Druckzustand einmal wiederholt werden, dabei wird jeweils an einem Stempel wieder die Belastung reproduziert, die hier in der ersten Meßserie für den betreffenden Druckzustand vorlag. Werden dann an den übrigen Stempeln Kraftwerte ermittelt, die von denen aus der ersten Messung abweichen, so sollen jeweils die Mittelwerte aus den beiden Messungen als endgültige Meßergebnisse angesehen werden. Die erhaltenen Wertepaare (A_i, F_i) sind in einer Tabelle festzuhalten und deren Bildpunkte in ein A,F-Diagramm einzutragen.

3.4.4. Auswertung der Meßergebnisse und Erarbeitung der Größe Druck

Von jeweils einer der Schülergruppen, die die Untersuchungen mit Spiritus bzw. mit Luft durchgeführt haben, werden die von ihr gewonnenen Meßergebnisse an der Tafel in ein A,F-Diagramm eingetragen. Unter Berücksichtigung von Meßunsicherheiten lassen sich durch die Meßpunkte (A_i, F_i) für jeweils einen Druckzustand Ursprungsgeraden zeichnen (Abb. 6). Die übrigen Schülergruppen erkennen diesen Sachverhalt auch für die von ihnen erhaltenen Meßergebnisse.

Die Ursprungsgeraden können als Abbildungen des allgemeinen Zusammenhangs zwischen der Druckkraft F und der Angriffsfläche A in dem jeweiligen Druckzustand gedeutet werden. Damit aber besteht der Zusammenhang in jedem Druckzustand in einer Proportionalität, d.h. $F \sim A$. Das bedeutet, in jedem Druckzustand

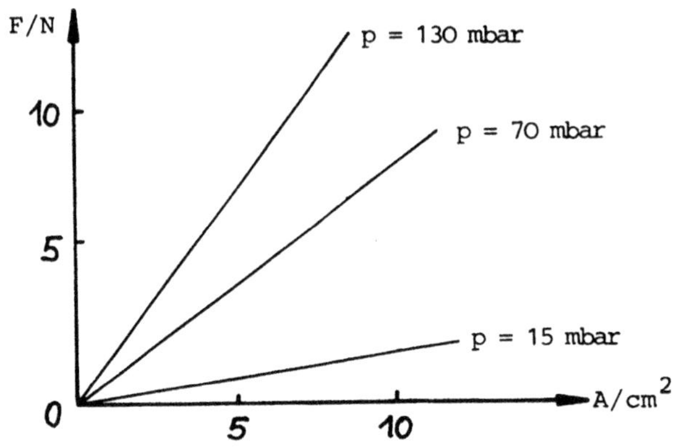

Abb. 6: A,F-Diagramm verschiedener Druckzustände

wirkt auf das n-fache einer Fläche auch die n-fache Kraft oder F/A = konst. Aus den Meßwerten (A_i, F_i) für einen Druckzustand erweist sich die Konstanz des Quotienten F/A darin, daß die Quotienten F_i/A_i nahezu gleich groß sind. Die auftretenden Abweichungen können auf Meßunsicherheiten zurückgeführt werden. Der aus den Quotienten F_i/A_i gebildete Mittelwert kann als allgemeingültiger Wert für den konstanten Quotienten F/A in dem betreffenden Druckzustand angesehen werden.

Für die verschiedenen Druckzustände in der eingeschlossenen Flüssigkeit bzw. Luft ergeben sich verschieden große Werte für den jeweils konstanten Quotienten F/A. Je größer der Quotient ist, um so steiler verläuft die Ursprungsgerade im A,F-Diagramm. Das bedeutet aber, daß in verschiedenen Druckzuständen die Kraft auf eine gleich große Fläche um so größer ist, je größer der Quotient F/A ist. Es ist daher sinnvoll, Druckzustände durch diesen Quotienten zu kennzeichnen, d.h. die physikalische Größe F/A als Maß für die Druckzustände einzuführen. Diese Größe wird Druck genannt und mit p bezeichnet, ihre Definitionsgleichung lautet also

$$p = \frac{F}{A}$$

Aus dieser Gleichung ergibt sich die Maßeinheit des Druckes zu $[p] = 1\ N/m^2$. Diese Einheit wird 1 Pascal (1 Pa) genannt, es ist also $1\ Pa = 1\ N/m^2$. Da 1 Pa eine sehr kleine Einheit ist, verwendet man häufig größere Druckeinheiten. Solche sind das Bar (bar) und das Millibar (mbar), für diese gelten folgende Definitionen:

$1\ bar = 10\ N/cm^2$, $1\ bar = 1000\ mbar$, $1\ mbar = 1\ cN/cm^2$.

Sind eine Flüssigkeit oder ein Gas in einem abgeschlossenen Gefäß in einen Druckzustand versetzt, so sagt man auch, in ihnen "herrscht" ein Druck. Dieser äußert sich also darin, daß auf alle die Flüssigkeit bzw. das Gas begrenzenden Flächen jeweils senkrecht zu diesen eine Kraft wirkt. Der Quotient F/A aus der Größe der Kraft und der Größe der Angriffsfläche ist überall gleich groß, er kennzeichnet die Größe des Druckes. Wirkt z.B. auf eine Begrenzungsfläche von $A = 1\ cm^2$ eine Kraft von F = 1 N, so liegt ein Druck von $p = 1\ N/cm^2 = 100\ mbar = 0{,}1\ bar$ vor. Eine Möglichkeit der Druckbestimmung hat sich aus den Experimenten ergeben. Wird das Gefäß mit einer der dort verwendeten Glasspritzen verbunden, so stellt die Stirnfläche des leicht verschiebbaren Stempels eine bewegliche Begrenzungsfläche dar. Die auf diese Fläche ausgeübte Druckkraft F kann bestimmt werden, indem ermittelt wird, bei welcher von außen senkrecht auf die Fläche wirkenden "Stempelkraft F'" Kräftegleichgewicht herrscht. Das Gleichgewicht wird dadurch angezeigt, daß der Stempel keine Verschiebung erfährt, dann ist F = F'. Hat der Stempel die Fläche A, so ergibt sich der Druck aus p = F/A = F'/A.

3.4.5. Experimentelle Anwendungsaufgaben

Die Schülergruppen sollen unter Verwendung einer Glasspritze aus 3.4.3. und eines Wägesatzes sowie bereitgestellter geeigneter Verbindungsschläuche

a) den Druck der Luft in einem aufgeblasenen Luftballon bestimmen,

b) die Eichung eines Röhrenfedermanometers "kontrollieren".

3.5. Elektrische Stromstärke

3.5.1. Didaktische Vorbemerkungen

Mit der physikalischen Größe "elektrische Stromstärke", die abgekürzt mit I bezeichnet wird, werden elektrische Ströme hinsichtlich ihrer Intensität quantitativ gekennzeichnet. Diese Größe wird im Physikunterricht im Rahmen der Behandlung des Sachgebiets "Elektrizitätslehre" eingeführt, nachdem die Schüler mit dem Begriff des einfachen, d.h. unverzweigten elektrischen Stromkreises und mit den verschiedenen Wirkungen des elektrischen Stromes vertraut gemacht worden sind.

Wird ein Stromkreis "eingeschaltet", d.h. der Anschluß an eine "Stromquelle" hergestellt (z.B. an eine Batterie, einen Akku, ein "Netzgerät" oder über die Steckdose an den Generator des E-Werkes), so können z.B. eine in dem Stromkreis befindliche Glühlampe leuchten, eine Heizspirale oder ein Tauchsieder erwärmt werden. Das Leuchten der Lampe zeigt an, daß deren Glühwendel zur Weißglut erhitzt wird. Bei Verwendung bestimmter Quellen (Gleichstromquellen) können weiter z.B. eine Beeinflussung einer Magnetnadel in der Nähe eines Stromkreises beobachtet werden sowie bei Vorhandensein eines Elektrolyten im Stromkreis chemische Veränderungen an diesem. Elektrolyten sind wäßrige Lösungen von Salzen, Säuren und Basen. Ein Elektrolyt kann z.B. über zwei in ihm eintauchende Metallplatten (Elektroden) in den Stromkreis integriert werden. Bei eingeschaltetem Stromkreis scheiden sich, abhängig vom Elektrolyten und Elektrodenmaterial, verschiedene Stoffe an den Elektroden ab. Bestehen z.B. beide Elektroden aus Nickel und ist der Elektrolyt verdünnte Kalilauge, so scheidet sich an einer Elektrode Wasserstoff und an der anderen Sauerstoff ab. Werden in einer geeigneten Anordnung über dem Elektrolyten beide Gase gemeinsam aufgefangen, so stellt das Gasgemisch Knallgas dar. Eine solche Anordnung wird daher auch als "Knallgaszelle" bezeichnet (vgl. Abb. 7).

Man sieht nun diese verschiedenen Erscheinungen an Stromkreisen als Anzeichen dafür an, daß im jeweiligen Stromkreis etwas geschieht, und nennt das "elektrischen Strom", häufig sagt man auch etwas irreführend: im Stromkreis fließt elektrischer Strom. Die erörterten Erscheinungen werden dann als Wirkungen des elektrischen Stromes gewertet, d.h. ihr Auftreten ist kennzeichnend dafür, daß in einem Stromkreis ein elektrischer Strom vorliegt. Entsprechend der Art dieser Wirkungen, spricht man von Wärmewirkung, magnetischer und chemischer Wirkung des elektrischen Stromes.

Die Erfahrung zeigt, daß die Stromwirkungen mit unterschiedlicher Intensität auftreten können. Dieselbe Glühlampe z.B. kann in demselben Stromkreis mehr oder weniger hell leuchten, wenn der Stromkreis an verschiedene Quellen angeschlossen wird. Entsprechend können die Erwärmung einer Heizspirale, eines Tauchsieders, eines Bügeleisens usw. unterschiedlich stark sein. Die Knallgaserzeugung in derselben Knallgaszelle ist unterschiedlich intensiv bei Anschluß des Stromkreises an verschiedene Quellen. Die Intensität der Stromwirkungen wird als Kennzeichen für die Intensität oder "Stärke" der Ströme in den jeweiligen Stromkreisen gewertet. Man sagt, die Intensität des Stromes in einem Stromkreis ist um so größer oder der Strom um so "stärker", je intensiver die beobachtbaren Wirkungen sind. Zur quantitativen Kennzeichnung der Intensität des elektrischen Stromes wird dann die physikalische Größe "elektrische Stromstärke I" eingeführt.

Im Physikunterricht der Sekundarstufe I werden im wesentlichen zwei methodisch verschiedene Wege zur Einführung dieser Größe beschritten. Der eine Weg besteht darin, daß die Stromstärke als Grundgröße durch Festlegung einer Meßvorschrift eingeführt wird, der eine bestimmte meßbare magnetische oder chemische Stromwirkung zugrundegelegt wird. Der andere Weg führt zur Definition der Stromstärke als abgeleitete Größe. Hier werden zunächst der Begriff der elektrischen Ladung eingeführt und der elektrische Strom als Transport von elektrischer Ladung gedeutet. Man sagt auch, daß der elektrische Strom in einem Fluß elektrischer Ladung im Stromkreis besteht. Als Maß für die Ladung wird die physikalische Größe "elektrische Ladungsmenge Q" als Grundgröße eingeführt. Der nachfolgend dargestellte Konzeptentwurf zur Erarbeitung der Stromstärke setzt voraus, daß im Unterricht der letztere Weg beschritten wird. Dabei wird die Größe "elektrische Ladungsmenge Q" auf folgende Weise festgelegt.

Je größer die Zeit ist, die nach Einschalten eines Stromkreises verstrichen ist, um so mehr Ladung ist insgesamt durch einen Leiterquerschnitt des Stromkreises geflossen, als um so größer erweist sich aber auch die Menge an Knallgas, die in einer im Stromkreis befindlichen Knallgaszelle insgesamt abgeschieden worden ist. Dabei dient als Maß für die Gasmenge das Gasvolumen. Werden nunmehr z.B. zwei Knallgaszellen mit Kalilauge unterschiedlicher Konzentration oder mit unterschiedlichem Abstand der Elektroden hintereinander in einen Stromkreis geschaltet, so zeigt sich, daß die in gleicher Zeit in beiden Zellen abgeschiedenen Knallgasmengen gleich groß sind. Da nach der Vorstellung des Stromes als fließende Ladung durch beide Zellen gleich viel Ladung geflossen ist, kann geschlossen werden, daß die in einer Knallgaszelle abgeschiedene Knallgasmenge unabhängig von speziellen Eigenschaften der Zelle ist und nur davon abhängt, wieviel Ladung durch die Zelle transportiert worden ist.

Zur quantitativen Erfassung der elektrischen Ladung muß nun eine physikalische Größe als Maß für die Ladung eingeführt werden. Diese wird "elektrische Ladungsmenge Q" genannt. Nach den vorangegangenen Überlegungen und Erkenntnissen erscheint es sinnvoll, diese Größe mit Hilfe der Knallgasentwicklung festzulegen und die Ladungsmenge Q einer durch eine Knallgaszelle geflossenen Ladung als proportional zur Menge, d.h. zum Volumen V des dabei abgeschiedenen Knallgases zu definieren. Da das Volumen einer Gasmenge noch vom Druck und der Temperatur abhängt, lassen sich verschiedene Gasvolumina nur bei gleichem Druck und gleicher Temperatur sinnvoll vergleichen. Die vollständige Festlegung der Größe erfolgt dann durch folgende Aussagen: "Die Ladungsmenge Q der durch eine Knallgaszelle geflossenen Ladung ist proportional zum Volumen des abgeschiedenen Knallgases. Die Einheit der Ladungsmenge heißt 1 Coulomb (1 C). Durch die Knallgaszelle ist eine Ladung von 1 C geflossen, wenn das dabei abgeschiedene Knallgas bei Zimmertemperatur ($20^{o}C$) und Normaldruck (1013 mbar) ein Volumen von $V = 0{,}19\ cm^3$ hat." Die Proportionalität zwischen Q und V bedeutet, daß V/Q = konst. ist, aus der Festlegung der Einheit folgt, wenn V in cm^3 gemessen wird,: $V/Q = 0{,}19\ cm^3/C$ oder $Q = (5{,}26\ C/cm^3) \cdot V$.

Bei Vorliegen dieser Voraussetzungen wird nunmehr mit den Schülern die elektrische Stromstärke I als Maß für die Intensität oder "Stärke" des elektrischen Stromes erarbeitet, indem zur Beurteilung der Stromintensität die Intensität der Knallgasproduktion herangezogen wird. Je intensiver die Knallgaserzeugung ist, um so "stärker" ist der Strom in dem betreffenden Stromkreis. Da aber eine intensivere Knallgaserzeugung auch bedeutet, daß in einer bestimmten Zeit t eine größere Ladungsmenge Q durch den Leiterquerschnitt fließt, kennzeichnet das letztere Merkmal allgemein den "stärkeren" Strom. Es erweist sich nun experimentell, daß für einen Strom in einem Stromkreis unabhängig von der Zeit der Quotient Q/t konstant ist. Der Wert des Quotienten charakterisiert die "Stärke" des Stroms, denn je größer er ist, um so größer ist die Ladungsmenge, die in einer bestimmten Zeit durch den Leiterquerschnitt fließt. Daher wird die Größe $I = Q/t$ als Maß für die Intensität oder "Stärke" des elektrischen Stromes definiert und elektrische Stromstärke genannt.

3.5.2. Problemstellung

Vom Lehrer wird ein Stromkreis vorgeführt, in dem eine Glühlampe und eine Knallgaszelle in Reihe geschaltet sind. Nach Anschluß des Kreises an eine Stromquelle leuchtet die Lampe und in der Zelle tritt an den Elektroden Gasentwicklung auf, die abgeschiedene Knallgasmenge nimmt laufend zu. Bei einem zweiten vorgestellten Stromkreis mit gleichen Komponenten leuchtet die Lampe nach Anschluß des Kreises an eine Stromquelle heller und die Gasentwicklung in der Knallgaszelle ist intensiver, die abgeschiedene Knallgasmenge nimmt schneller zu als im ersten Stromkreis. Die beiden Stromkreise unterscheiden sich also in der Intensität der Stromwirkungen und damit in der Intensität oder "Stärke" des elektrischen Stromes. Die intensivere Stromwirkung kennzeichnet den "stärkeren" Strom.

Es wird nun die Frage aufgeworfen, wie man die unterschiedlichen Intensitäten der Ströme quantitativ kennzeichnen könnte. Die Helligkeit der Lampen in den Stromkreisen kann offensichtlich nur zum qualitativen Vergleich dienen. Hingegen scheint eine quantitative Beurteilung der Ströme anhand der Knallgasproduktion möglich. Der "stärkere" Strom ist durch eine intensivere Gasentwicklung charakterisiert, d.h. in diesem Stromkreis wird in einer bestimmten Zeit eine größere Knallgasmenge abgeschieden als in dem Stromkreis mit dem "schwächeren" Strom. Das bedeutet aber auch, daß im ersten Stromkreis in einer bestimmten Zeit eine größere Ladungsmenge Q durch den Leiterquerschnitt fließt als im zweiten Stromkreis. Es liegt also nahe, die Ströme hinsichtlich ihrer "Stärke" durch die Ladungsmenge Q, die in einer bestimmten Zeit durch den Leiterquerschnitt des jeweiligen Stromkreises fließt, quantitativ zu kennzeichnen. Eine solche Kennzeichnung ist allerdings nur sinnvoll, wenn die Bezugszeit beliebig gewählt werden kann, ohne daß sich die Charakterisierung der Ströme ändert. Um hierüber zu Erkenntnissen zu gelangen, muß der Zusammenhang zwischen der transportierten Ladungsmenge Q und der dafür benötigten Zeit t für verschieden "starke" Ströme experimentell untersucht werden. Die entsprechenden Messungen sollen an Stromkreisen mit Knallgaszellen von den Schülern in Gruppen selbst durchgeführt werden.

3.5.3. Schülerexperimente

Die Schüler der Klasse bilden vier gleich große Gruppen. Jede Schülergruppe erhält einen Stromkreis bestehend aus einer Knallgaszelle, einer Glühlampe, einem Schalter und einem Netzgerät und dazu eine Stoppuhr (Abb 7).

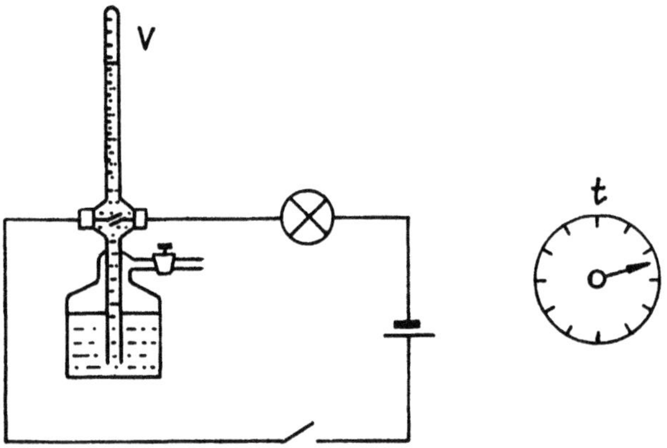

Abb. 7: Versuchsaufbau zur Erarbeitung der Größe "elektrische Stromstärke"

Die Glühlampen und die Spannungseinstellung der Netzgeräte sind in allen Stromkreisen gleich. Die Knallgaszellen haben jedoch unterschiedliche Elektrodenabstände und damit unterschiedliche Widerstände. Dadurch sind in den einzelnen Stromkreisen unterschiedliche Stromstärken realisiert ($I = 0{,}4$ A bis $I = 1{,}1$ A). Ein Vergleich der Stromkreise zeigt, daß einerseits die Lampen unterschiedlich hell brennen, andererseits die Knallgasentwicklung entsprechend unterschiedlich intensiv ist. Für jeden Stromkreis soll jeweils das Volumen der in verschiedenen Zeiten ($t = 10$ s bis $t = 60$ s) entstandenen Knallgasmengen gemessen werden. Aus dem Volumen wird die transportierte Ladungsmenge Q berechnet. Die Meßwertpaare (t_i, Q_i) sind in einer Tabelle festzuhalten.

3.5.4. Auswertung der Experimente und Erarbeitung der Größe elektrische Stromstärke

Nach Durchführung der Versuche trägt jede Gruppe an der Tafel ihre Meßwerte in eine gemeinsame Tabelle ein. Daneben wird in der Tabelle eine qualitative Abstufung der Helligkeit der jeweiligen Glühlampe notiert (sehr hell - hell - schwach - sehr schwach). Die Meßwertpaare (t_i, Q_i) werden in ein gemeinsames t,Q-Diagramm eingetragen. Im Diagramm kann jeweils durch die Bildpunkte der Meßwertpaare für einen Stromkreis unter Berücksichtigung von Meßunsicherheiten eine Ursprungsgerade gelegt werden (Abb. 8).

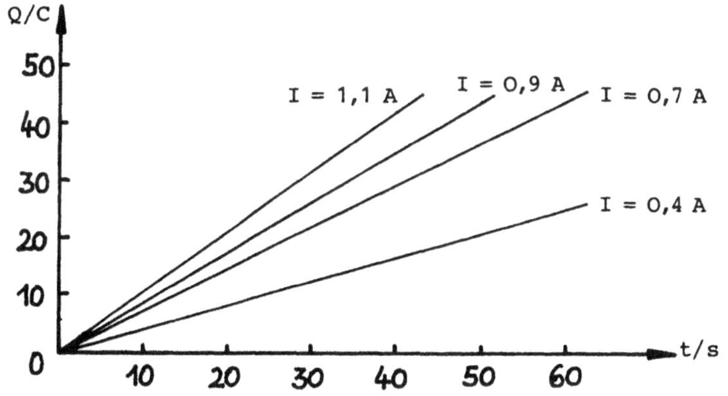

Abb. 8: t,Q-Diagramm verschiedener Stromkreise mit Knallgaszellen

Die Geraden werden als Abbildungen des allgemeinen Zusammenhangs zwischen der in dem jeweiligen Stromkreis durch den Leitungsquerschnitt transportierter Ladungsmenge Q und der dafür benötigten Zeit t interpretiert. Als Ursprungsgerade kennzeichnen sie den Zusammenhang als Proportionalität, d.h. für jeden der untersuchten Stromkreise erweist sich $Q \sim t$. Das bedeutet, Q nimmt jeweils im gleichen Maße zu wie t oder Q/t = konst. Anhand der Meßwerte (t_i, Q_i) selbst werden die Merkmale nochmals bestätigt. Unter Berücksichtigung von Meßunsicherheiten stellen sich die Quotienten Q_i/t_i für jeweils einen Stromkreis als konstant heraus. Der Mittelwert der Quotienten Q_i/t_i wird als allgemeingültiger Wert des konstanten Quotienten Q/t für den betreffenden Stromkreis angesehen.

Beim Vergleich der Ergebnisse für die einzelnen Stromkreise zeigt sich, daß der Quotient Q/t um so größer ist und damit auch die Ursprungsgerade im t,Q-Diagramm um so steiler verläuft, je intensiver die Stromwirkungen in dem Stromkreis waren. Die quantitative Kennzeichnung der "Stärke" des Stromes in einem Stromkreis kann damit mit Hilfe dieses Quotienten erfolgen. Mit dieser Bedeutung wird daher der Quotient Q/t als neue physikalische Größe eingeführt. Sie wird elektrische Stromstärke genannt und mit I bezeichnet, ihre Definition lautet also:

$$I = \frac{Q}{t}$$

Die Einheit der elektrischen Stromstärke wird 1 Ampere (1 A) genannt, gemäß der Definitionsgleichung für I ist

$$[I] = 1\ A = 1\ C/s$$

3.5.5. Experimentelle Anwendungsaufgabe

Nach Einführung der elektrischen Stromstärke wird mit den Schülern die praktische Notwendigkeit diskutiert, auf bequemere Weise Stromstärken messen zu können als mit Hilfe von Knallgaszellen. Es werden Modellinstrumente von Strommeßgeräten vorgestellt, die auf anderen Stromwirkungen (Wärmewirkung, magnetische Wirkung) beruhen, und deren Funktionsprinzipien erläutert. Die Instrumente werden in einem Stromkreis in Reihe mit einer Knallgaszelle geschaltet. Dabei wird festgestellt, daß ihre Ausschläge um so größer sind, je mehr Knallgas in gleichen Zeiten entwickelt wird. Auf diese Weise kann ein Drehspulinstrument kalibriert werden, indem seine Zeigerausschläge auf einer Skala markiert und mit den Zahlenwerten für die entsprechenden Quotienten aus Ladungsmenge und Zeit gekennzeichnet werden. In einer Reihenschaltung des so kalibrierten Gerätes mit einem handelsüblichen, in Ampere geeichten Gerät ergeben sich an beiden Geräten gleiche Meßwerte. Diese Übereinstimmung soll die Schüler davon überzeugen, daß geeichte Drehspulinstrumente zur Messung der im Unterricht erarbeiteten physikalischen Größe "elektrische Stromstärke" verwendbar sind. Jede Schülergruppe erhält nun ein Schülerdrehspulinstrument und soll nach einer Anweisung für seinen Einsatz die Stromstärke in dem Stromkreis messen, der von ihr vorher bei der Erarbeitung der Stromstärkedefinition verwendet wurde. Der dort ermittelte Quotient Q/t ist mit dem Meßwert des Drehspulamperemeters zu vergleichen.

3.6. Elektrische Spannung

3.6.1. Didaktische Vorbemerkungen

Im Physikunterricht der Sekundarstufe I wird die physikalische Größe "elektrische Spannung U" zur Kennzeichnung von Stromquellen eingeführt. Sie betrifft die Eigenschaft der Quellen, nichtelektrische Energie in elektrische Energie umzuwandeln und diese beim Ladungstransport im Stromkreis an den "Verbraucher" (z.B. Glühlampe, Heizdraht, Motor, Elektrogerät) abzugeben. Im Verbraucher wird die elektrische Energie dann wieder in eine andere von der Art des Verbrauchers abhängige Energieform umgesetzt (z.B. in Wärme, Strahlungsenergie, mechanische Energie).

Zur Definition der elektrischen Spannung kann im Unterricht die Erkenntnis experimentell erarbeitet werden, daß die von einer Quelle an den Verbraucher im Stromkreis gelieferte Energie W proportional zur geflossenen Ladungsmenge Q ist. Für dieselbe Quelle erweist sich der Quotient W/Q als unabhängig vom Verbraucher, d.h. die von der Quelle gelieferte Energie steht immer im gleichen Verhältnis zur geflossenen Ladungsmenge. Bei verschiedenen Quellen kann der Quotient W/Q verschieden groß sein, die Quellen geben dann also beim Fließen gleich großer Ladungsmengen unterschiedlich große Energie ab. Somit stellt der Quotient W/Q eine physikalische Größe dar, die die Quellen hinsichtlich der Fähigkeit quantitativ kennzeichnet, bei Ladungstransport in einem angeschlossenen Stromkreis Energie an diesen abzugeben. Diese Größe wird elektrische Spannung U genannt, d.h. sie ist definiert durch $U = W/Q$. Man sagt, eine Stromquelle hat eine elektrische Spannung oder zwischen ihren Polen besteht oder herrscht eine elektrische Spannung.

Dieser methodische Weg wird bei dem nachfolgend dargestellten Konzept zur Erarbeitung des Spannungsbegriffs mit Hilfe von Schülerexperimenten beschritten. Dabei wird vorausgesetzt, daß den Schülern die Deutung des elektrischen Stromes als fließende Ladung und der Stromstärkebegriff vertraut sind und daß von ihnen die Stromstärke in einem Stromkreis gemessen und daraus die in einer bestimmten Zeit durch den Leiterquerschnitt geflossene Ladungsmenge berechnet werden kann. Es wird weiterhin davon ausgegangen, daß ihnen der Energiebegriff aus früherem Unterricht geläufig ist und daß sie insbesondere den Begriff der Wärmemenge und dessen Zusammenhang mit der Temperaturerhöhung eines Körpers bei Wärmezufuhr kennen.

3.6.2. Problemstellung

Vom Lehrer werden eine Lampe L 1 an eine Stromquelle (U_1 = 6 V) und eine zweite gleiche Lampe L 2 an eine andere Quelle (U_2 = 3 V) angeschlossen. L 1 leuchtet heller als L 2, für die Schüler ist das ein bekannter Hinweis dafür, daß die Stromstärke im Stromkreis S 1 größer ist als im Stromkreis S 2. Durch Messung der Stromstärke in beiden Kreisen wird dieses bestätigt. Den Schülern wird nunmehr im Unterrichtsgespräch bewußt gemacht, daß in Verbindung mit dem elektrischen Strom, d.h. dem Ladungstransport, der von den Quellen in den Stromkreisen hervorgerufen wird, Energie von den Quellen zu den Lampen gelangt. In den Glühwendeln der Lampen wird diese Energie in Wärme und Strahlungsenergie umgewandelt. Die von den Quellen gelieferte Energie wird elektrische Energie genannt. Stromquellen rufen also in Stromkreisen nicht nur einen Transport elektrischer Ladung hervor, sondern liefern gleichzeitig elektrische Energie an die Stromkreise, sie sind also auch Energiequellen. Komponenten in den Stromkreisen, in denen die elektrische Energie dann in andere Energieformen umgewandelt wird, wie Glühlampen, Heizwendeln, die verschiedensten im Haushalt verwendeten Elektrogeräte, Elektromotoren usw., werden auch als "Verbraucher" elektrischer Energie bezeichnet.

Es wird jetzt auf den Sachverhalt orientiert, daß in den beiden betrachteten Stromkreisen offensichtlich der heller leuchtenden Lampe L 1 in einer bestimmten Zeit mehr elektrische Energie zugeführt wird als der Lampe L 2 in der gleichen Zeit, denn das intensivere Leuchten der Lampe L 1 bedeutet, daß in ihrer Wendel in einer bestimmten Zeit mehr Energie in Wärme und Strahlungsenergie umgesetzt wird als bei der gleichen Lampe L 2. Im Stromkreis S 1 ist aber auch die Stromstärke größer als im Stromkreis S 2, d.h. in S 1 wird in einer bestimmten Zeit auch eine größere Ladungsmenge durch den Leiterquerschnitt transportiert als im Stromkreis S 2. Es besteht also offenbar ein Zusammenhang zwischen der von einer Quelle gelieferten Energie und der geflossenen Ladungsmenge. Nunmehr wird im Stromkreis S 2 die Lampe L 2 ausgetauscht gegen eine andere, die heller leuchtet als L 2. Es zeigt sich, daß bei diesem "Verbraucher" in S 2 auch ein größerer Strom fließt, d.h. in einer bestimmten Zeit eine größere Ladungsmenge durch den Leiterquerschnitt fließt als zuvor bei Vorhandensein von L 2 im Stromkreis. Allerdings kann aus der qualitativen Einschätzung der Helligkeit der Lampe nicht beurteilt werden, ob die von der Quelle gelieferte Energie jetzt auch in gleichem Maße zugenommen hat. Um zu genaueren Erkenntnissen darüber zu gelangen, von welcher Art der Zusammenhang zwischen gelieferter Energie und geflossener Ladungsmenge ist und ob er von den Quellen und den Verbrauchern in den Stromkreisen abhängt, müssen entsprechende quantitative Untersuchungen durchgeführt werden. Dabei eignen sich jedoch nicht Glühlampen als Verbraucher, da hieran mit den zur Verfügung stehenden Mitteln keine Energiemessungen durchgeführt werden können. Es sollen statt dessen Heizwendeln als Verbraucher verwendet werden, die in Wasser eintauchen und deren Energieabgabe über die Temperaturerhöhung des Wassers gemessen werden kann. Die Verschiedenheit der Verbraucher wird dadurch realisiert, daß Heizwendeln mit unterschiedlicher Windungszahl bei ansonsten gleichen Eigenschaften benutzt werden.

3.6.3. Schülerexperimente

Zum Einsatz gelangen 9 Netzgeräte als Stromquellen, von denen jeweils drei "gleiche" Quellen sind, was durch Anschluß gleicher Lampen demonstriert wird (an den Netzgeräten ist die gleiche Klemmenspannung eingestellt und fixiert). Drei Quellen, von denen jede aus einer anderen der drei Gruppen untereinander gleicher Quellen stammt, stellen dagegen "verschiedene" Quellen dar, was wiederum durch Anschluß gleicher Lampen gezeigt wird (an den Netzgeräten sind verschieden große Klemmenspannungen eingestellt und fixiert). Als Verbraucher werden bei den Experimenten 9 Heizwendeln eingesetzt, die bis auf die Windungszahl in allen Merkmalen übereinstimmen (die Heizwendeln sind aus gleichem Konstantandraht und mit gleichem Querschnitt gewickelt). Je drei Wendeln besitzen die gleiche Windungszahl, stellen also "gleiche" Verbraucher dar. Drei Wendeln, von denen jede aus einer anderen der drei Gruppen von Wendeln mit untereinander gleicher Windungszahl stammt, bilden "verschiedene" Verbraucher.

Die Schüler der Klasse bilden neun Gruppen. Jede Gruppe erhält eine Quelle und eine Heizwendel als Verbraucher. Die Verteilung erfolgt so, daß bei keiner Gruppe Quelle und Verbraucher zusammen übereinstimmen. Ferner erhält jede Gruppe ein Kalorimetergefäß und ein Thermometer sowie ein Strommeßgerät und eine Stoppuhr. Es wird ein Stromkreis gemäß Abb. 9 aufgebaut.

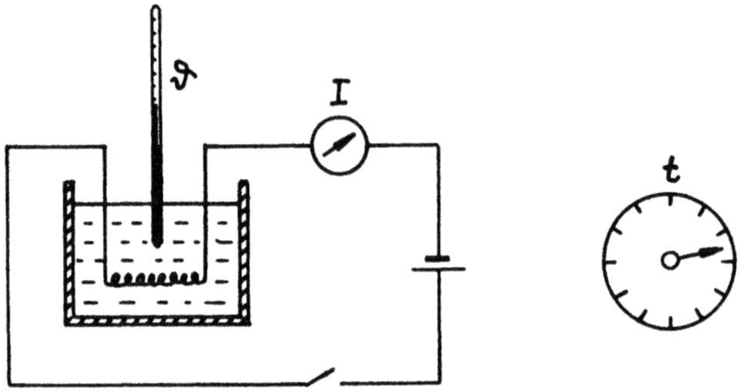

Abb. 9: Versuchsaufbau zur Erarbeitung der Größe "elektrische Spannung"

In das Kalorimeter, dessen Wasserwert C_W angegeben wird, wird Wasser der Masse m gefüllt und die Anfangstemperatur ϑ_0 gemessen. Der Stromkreis wird zum Zeitpunkt $t = 0$ geschlossen. Von diesem Zeitpunkt an wird das Wasser kontinuierlich durch die Heizwendel erhitzt. Zu festgelegten Zeiten t wird die Temperatur ϑ am Thermometer abgelesen. Mit der Temperaturerhöhung $\Delta\vartheta = \vartheta - \vartheta_0$ und der spezifischen Wärmekapazität des Wassers c wird über die Beziehung $W = (c \cdot m + C_W) \cdot \Delta\vartheta$ die in der Zeit t umgesetzte Energie W berechnet. Die Ladungsmenge, die in dieser Zeit durch den Leiterquerschnitt geflossen ist, wird aus der Stromstärke I, die während des gesamten Versuchsablaufs konstant bleibt und mit dem Strommeßgerät gemessen wird, über die Beziehung $Q = I \cdot t$ berechnet. Die ermittelten Meßwertpaare (Q_i, W_i) werden in einer Tabelle festgehalten und ihre Bildpunkte in ein Q,W-Diagramm eingetragen.

3.6.4. Auswertung der Meßergebnisse und Erarbeitung der Größe elektrische Spannung

Von drei Schülergruppen, die jeweils mit unterschiedlichen Quellen gearbeitet haben, werden die Meßergebnisse an der Tafel in eine Tabelle und in ein Q,W-Diagramm eingetragen. Durch die Bildpunkte der Meßwertpaare (Q_i, W_i) für jeweils eine Quelle kann unter Berücksichtigung von Meßunsicherheiten eine Ursprungsgerade gelegt werden (Abb. 10).

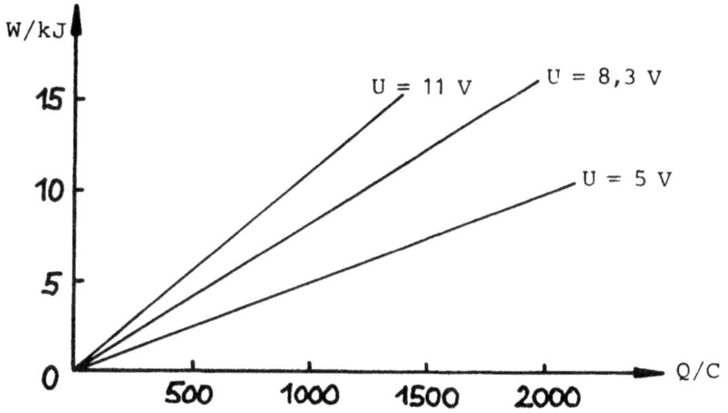

Abb. 10: Q,W-Diagramm verschiedener Stromquellen

Diese Ursprungsgeraden werden als Abbildungen des allgemeinen Zusammenhangs zwischen der von den jeweiligen Quellen gelieferten Energie W und der in den Stromkreisen transportierten Ladungsmenge Q interpretiert. Damit wird der Zusammenhang als Proportionalität gekennzeichnet, d.h. für jede Quelle in einem Stromkreis gilt $W \sim Q$. Das bedeutet, die gelieferte Energie W nimmt im gleichen Maße zu wie die geflossene Ladungsmenge Q oder W/Q = konst. Durch die Bildung der Quotienten W_i/Q_i für alle Meßwertpaare, die bei derselben Quelle ermittelt wurden, wird diese Konstanz bestätigt, auftretende Abweichungen können auf Meßunsicherheiten zurückgeführt werden. Der Mittelwert der Quotienten W_i/Q_i wird als allgemeingültiger Wert des konstanten Quotienten W/Q für die betreffenden Quellen angesehen. Die anderen Schülergruppen, die mit den gleichen Quellen, aber unterschiedlichen Verbrauchern experimentiert haben, bilden ebenfalls aus ihren Meßwerten die Quotienten W_i/Q_i und erhalten jeweils einen Mittelwert W/Q, der mit dem an der Tafel für die betreffende Quelle ermittelten Wert übereinstimmt. Daraus wird der Schluß gezogen, daß sich für eine Quelle ein konstanter Quotient W/Q unabhängig vom Verbraucher ergibt. Für die verschiedenen Quellen in den Stromkreisen ergeben sich unterschiedlich große Werte für den jeweils konstanten Quotienten W/Q und entsprechend unterschiedlich steile Anstiege der Ursprungsgeraden im Q,W-Diagramm. Das bedeutet, daß bei verschiedenen Quellen die gelieferte Energie bei gleicher transportierter Ladungsmenge durch den Leiterquerschnitt um so größer ist, je größer der Quotient W/Q ist, und zwar unabhängig vom Verbraucher. Die Quellen können daher durch diesen Quotienten W/Q gekennzeichnet werden, indem dieser als neue physikalische Größe eingeführt wird. Diese Größe wird elektrische Spannung genannt und mit U bezeichnet, ihre Definitionsgleichung lautet also

$$U = \frac{W}{Q}$$

Die Einheit der elektrischen Spannung wird 1 Volt (1 V) genannt; gemäß der Definitionsgleichung für U ist

$$[U] = 1\ V = 1\ J/C$$

Durch die Spannung werden also Stromquellen hinsichtlich der Fähigkeit quantitativ gekennzeichnet, bei Ladungstransport in einem geschlossenen Stromkreis elektrische Energie an diesen abzugeben, die dann in bestimmten als "Verbraucher" bezeichneten Komponenten des Stromkreises in andere Energieformen umgewandelt wird. Man spricht auch davon, daß eine Stromquelle eine elektrische Spannung hat oder zwischen ihren Polen eine elektrische Spannung besteht oder herrscht. Der Spannungswert einer Quelle gibt an, wie groß die Energie ist, die von ihr bei Ladungstransport pro 1 C fließender Ladungsmenge geliefert wird.

3.6.5. Experimentelle Anwendungsaufgaben

Als ein Instrument, mit dem die Spannung in der Praxis auf bequemere Weise gemessen wird als durch getrennte Bestimmung von umgesetzter Energie und transportierter Ladungsmenge, wird den Schülern das stromführende Spannungsmeßgerät vorgestellt. Da bei diesem die Spannungsmessung unter Ausnutzung des Ohmschen Gesetzes über eine Strommessung erfolgt, kann seine Wirkungsweise erst nach Behandlung dieses Gesetzes erklärt werden.

Für die Schüler ist das Spannungsmeßgerät daher zunächst ein Gerät, das einen "Verbraucher" enthält und dessen Zeigerausschlag dem Zahlenwert des Quotienten aus der in dem "Verbraucher" umgesetzten Energie und der durch seinen Leiterquerschnitt fließenden Ladungsmenge entspricht. Es wird wie ein "Verbraucher" an die Quelle angeschlossen.

Die Schülergruppen erhalten je ein Spannungsmeßgerät und erneut die Quelle, den "Verbraucher" und die weiteren Geräte, mit denen sie vorher die Experimente zur Erarbeitung des Spannungsbegriffs durchgeführt haben. Nach einer Unterweisung in die Benutzung des Spannungsmeßgerätes sollen sie mit diesem die Spannung ihrer Quelle messen. Der Meßwert ist mit dem früher ermittelten Wert des Quotienten W/Q für die betreffende Quelle zu vergleichen. Es wird nun die Frage diskutiert, ob auch dann, wenn bereits ein anderer "Verbraucher", wie z.B. die Heizwendel, an eine Quelle angeschlossen ist, mit Hilfe des Spannungsmessers die Spannung der Quelle gemessen werden kann. Zur Klärung dieser Frage erhalten die Schüler die Aufgabe, zusätzlich zu dem Spannungsmeßgerät, das an der Quelle angeschlossen bleibt, eine Heizwendel mit der Quelle zu verbinden (Abb. 11).

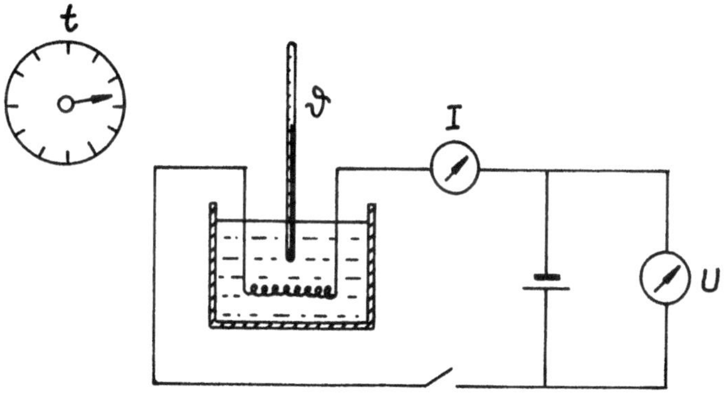

Abb. 11: Versuchsaufbau zur Einführung des Spannungsmeßgerätes

Sie stellen fest, daß sich dabei die Anzeige des Spannungsmeßgerätes praktisch nicht ändert. Es ist nun zu kontrollieren, ob diese Anzeige nach wie vor die gemäß $U = W/Q$ definierte

Spannung der Quelle angibt. Dazu sollen in dem Stromkreis mit der Heizwendel die in einer bestimmten Zeit umgesetzte Energie W und transportierte Ladungsmenge Q gemessen werden. Unter Zugrundelegung des proportionalen Zusammenhangs zwischen W und Q bedarf es jetzt nur der Ermittlung eines Wertepaares (W,Q), um den Quotienten W/Q zu bestimmen. Die Übereinstimmung des so ermittelten Quotienten W/Q mit der Anzeige des Spannungsmeßgerätes zeigt, daß auch während ein "Verbraucher" an eine Quelle angeschlossen ist, deren Spannung mit einem parallel zum "Verbraucher" an die Quelle anzuschließenden Spannungsmeßgerät gemessen werden kann.

3.7. Ohmsches Gesetz und elektrischer Widerstand

3.7.1. Didaktische Vorbemerkungen

Man nennt Körper, in denen bei Anschluß an eine Stromquelle ein elektrischer Strom auftritt, allgemein auch elektrische Leiter. Bei Anschluß eines Leiters an eine Quelle spricht man auch davon, daß an den Leiter eine elektrische Spannung gelegt wird, nämlich die Spannung, die zwischen den Polen der Quelle herrscht. Zwischen der Stromstärke I des Stromes in einem Leiter und der angelegten Spannung U besteht ein Zusammenhang. Dieser hängt von der materiellen Beschaffenheit und geometrischen Eigenschaft des Leiters sowie von weiteren Umständen ab. Bei gewissen Leitern tritt unter bestimmten Bedingungen der Sonderfall auf, daß I proportional zu U, d.h. U/I = konst. ist. Dieser spezielle Zusammenhang wird als Ohmsches Gesetz bezeichnet. Das Gesetz gilt z.B. für Leiter aus reinen Metallen, Metall-Legierungen und Graphit unter der Voraussetzung, daß die Temperatur der Leiter jeweils konstant gehalten wird.

Zur Erarbeitung des Ohmschen Gesetzes ist im nachfolgend dargestellten Unterrichtskonzept vorgesehen, daß von den Schülern an verschiedenen Leitern der Zusammenhang zwischen der Stromstärke und der angelegten Spannung experimentell untersucht wird. Dabei sollen die Untersuchungen sowohl unter der "normalen" Bedingung erfolgen, daß sich die Leiter unbeeinflußt in Luft befinden und sich somit infolge der Wärmewirkung des Stromes mit zunehmender Stromstärke immer stärker erwärmen, als auch unter der Bedingung, daß sie durch geeignete Kühlung (durch Eintauchen in Wasser) auf konstanter Temperatur gehalten werden. Die

Durchführung der Versuche auch unter der letzteren Bedingung wird bei den Schülern damit motiviert, daß an einem Beispiel gezeigt wird, daß bei gleicher angelegter Spannung die Stromstärke in einem Leiter von dessen Temperatur abhängen kann. Es kann somit sein, daß unter "normaler" Bedingung die Eigenart des Zusammenhangs zwischen Stromstärke und Spannung bei einem Leiter noch dadurch bestimmt wird, daß der Leiter infolge der Wärmewirkung des Stromes eine Temperaturänderung erfährt. Um einen solchen Einfluß zu erkennen, ist es notwendig, den Zusammenhang zwischen Stromstärke und Spannung auch bei konstant gehaltener Temperatur des Leiters zu untersuchen.

Die Experimente zeigen dann, daß bei den untersuchten metallischen Leitern und Leitern aus Graphit unter der Bedingung konstanter Temperatur jeweils die Stromstärke I proportional zur angelegten Spannung U oder U/I = konst. ist. Diese Art des Zusammenhangs zwischen I und U wird als Ohmsches Gesetz bezeichnet. Die Erkenntnis des Ohmschen Gesetzes ist nunmehr Anlaß zur Einführung der physikalischen Größe "elektrischer Widerstand". Für die untersuchten Leiter, die dem Ohmschen Gesetz genügen, ergeben sich unterschiedliche Werte für den jeweils konstanten Quotienten U/I. Je größer der Quotient ist, um so kleiner ist bei derselben Spannung die Stromstärke. Mit Hilfe dieses Quotienten können also die Leiter hinsichtlich ihres Leitungsverhaltens unterschieden werden. Daher wird dieser Quotient als physikalische Größe zur Kennzeichnung der Leiter eingeführt, die Größe wird elektrischer Widerstand R genannt, ihre Definitionsgleichung lautet demnach R = U/I.

Aus dem Ohmschen Gesetz folgt, daß der Widerstand eines Leiters, der diesem Gesetz genügt, bei konstanter Temperatur konstant ist, d.h. die Stromstärke immer im gleichen Verhältnis zur angelegten Spannung steht. Bei verschiedenen Temperaturen ist allerdings der Widerstand eines Leiters in der Regel verschieden groß. Aus den unter "normaler" Bedingung gemessenen Zusammenhängen zwischen I und U für die verschiedenen Leiter können qualitative Aussagen über die Temperaturabhängigkeit des Widerstandes gewonnen werden. Unter dieser Bedingung nimmt nämlich infolge der Wärmewirkung des Stromes die Temperatur der Leiter mit zunehmender Stromstärke zu. Hierauf ist zurückzuführen, daß in diesem Fall mit einer Ausnahme (Leiter aus Konstantan) keine proportionalen Zusammenhänge zwischen I und U beobachtet werden. Es zeigt sich, daß bei den metallischen Leitern der Quotient U/I mit zunehmender Stromstärke, d.h. mit steigender Temperatur zunimmt, also für diese Leiter der Widerstand mit der Temperatur größer wird. Für den Leiter aus Konstantan erweist sich der Widerstand als unabhängig von der Temperatur. Für den Graphitleiter folgt dagegen aus der gleichen Betrachtung eine Abnahme des Widerstandes bei steigender Temperatur.

Das entworfene Konzept für die Erarbeitung des Ohmschen Gesetzes und des Widerstandsbegriffs geht von der Voraussetzung aus, daß im Unterricht der elektrische Stromkreis einschließlich der Größe Stromstärke und Spannung behandelt worden ist und die Schüler diese Größen messen können.

3.7.2. Problemstellung

Vom Lehrer wird eine Glühlampe in Reihe mit einem Strommeßgerät an eine Stromquelle angeschlossen, deren Spannung verändert werden kann (regelbares Netzgerät). Zur Messung der Spannung ist parallel zum Stromkreis ein Spannungsmeßgerät an die Pole der Quelle angeschlossen. Die Spannung der Quelle wird stufenweise erhöht. Es zeigt sich, daß dabei auch die Stromstärke im Stromkreis zunimmt, was qualitativ auch daran erkannt werden kann, daß die Lampe immer heller leuchtet. Für einige Spannungswerte werden die zugehörigen Werte für die Stromstärke notiert. Nach Austausch der Glühlampe gegen eine andere wird der Versuch wiederholt. Wiederum zeigt sich ein Ansteigen der Stromstärke mit zunehmender Spannung, allerdings ergeben sich jetzt für die zuvor betrachteten Spannungswerte andere Werte für die Stromstärke. Bei beiden Lampen nimmt also die Stromstärke mit der anliegenden Spannung zu, jedoch ist der quantitative Zusammenhang dieser Größen bei beiden Lampen verschieden. Man sagt auch, die beiden Lampen sind elektrische Leiter mit unterschiedlichem Leitungsverhalten. Nunmehr wird statt der Glühlampe eine selbstgewickelte Wendel aus Eisendraht in den Stromkreis geschaltet und der gleiche Versuch durchgeführt. Abermals wird beobachtet, daß die Stromstärke mit der Spannung ansteigt, wobei sich im Vergleich zu jeder der zuvor betrachteten Lampen für gleiche Spannungswerte wiederum andere Werte für die Stromstärke ergeben.

Die drei Leiter haben also unterschiedliches Leitungsverhalten. Vom Lehrer wird jetzt der Effekt demonstriert, daß bei Erhitzung der Wendel mit Hilfe eines Bunsenbrenners die Stromstärke bei gleichbleibender Spannung sinkt. Kühlt sich die Wendel anschliessend wieder ab, so steigt auch die Stromstärke wieder an. Die Stromstärke bei einer bestimmten Spannung hängt also offenbar noch von der Temperatur des Leiters ab. Nun hat die Wendel aber auch ohne zusätzliche Wärmezufuhr von außen schon eine gegenüber der Umgebung erhöhte Temperatur dadurch, daß in ihr von der Quelle gelieferte elektrische Energie in Wärme umgewandelt wird. Die Temperatur ist um so größer, je größer die Stromstärke in der Wendel ist. Es ist daher zu erwarten, daß sich die Stromstärke bei gleichbleibender Spannung erhöht, wenn die Wendel abgekühlt wird, indem man sie z.B. in Wasser taucht. In einem entsprechenden Versuch wird dieses bestätigt.

Um zu weiteren Erkenntnissen über den Zusammenhang zwischen der Stromstärke I in Leitern und der angelegten Spannung U zu gelangen, muß dieser für verschiedene Leiter experimentell genauer ermittelt werden. Dabei ist nun aber zu berücksichtigen, daß aufgrund der soeben gemachten Erfahrungen vermutet werden kann, daß der Zusammenhang zwischen I und U für denselben Leiter noch davon abhängt, ob der Leiter auf konstanter Temperatur gehalten wird oder sich seine Temperatur infolge der Wärmewirkung des Stromes mit zunehmender Stromstärke erhöht. Um diese Vermutung zu überprüfen, muß der Leiter also unter beiden Bedingungen untersucht werden. Zur Realisierung des ersteren Falles muß die im Leiter in Wärme umgesetzte elektrische Energie laufend abgeführt werden, d.h. der Leiter muß gekühlt werden. Es wird vorgesehen, den Zusammenhang zwischen I und U unter beiden Bedingungen an Drahtwendeln aus Eisen, Kupfer und Konstantan sowie an Bleistiftminen (Graphit) zu untersuchen. Zur Kühlung, d.h. Konstanthaltung der Temperatur, werden die Leiter in Wasser getaucht. Außerdem soll die Abhängigkeit der Stromstärke von der Spannung bei Glühlampen eingehender als im Vorversuch ermittelt werden. Die Experimente sollen die Schüler in Gruppen selbst durchführen.

3.7.3. Schülerexperimente

Jeweils 4 Schüler der Klasse bilden eine Arbeitsgruppe. Jede Gruppe erhält folgende elektrische Leiter: eine Glühlampe, eine Drahtwendel aus Eisen, Kupfer oder Konstantan (Heizwendel) und ein Graphitstäbchen (Bleistiftmine). Zur Untersuchung der für diese Leiter geltenden Zusammenhänge zwischen Stromstärke und angelegter Spannung erstellt jede Gruppe mit einem Netzgerät variabler Spannung, einem Spannungs- und einem Stromstärkemeßgerät einen Stromkreis gemäß Abb. 12 a.

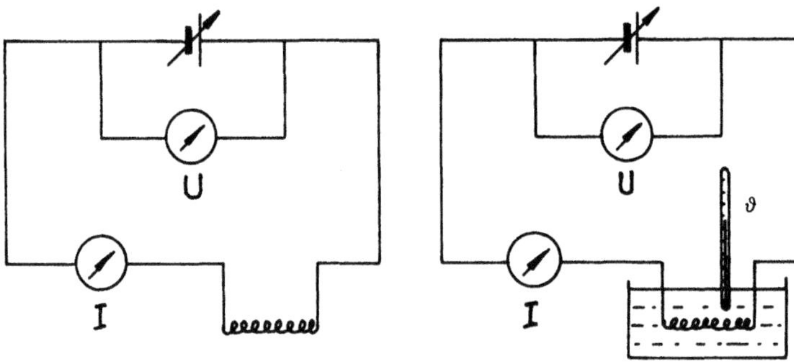

(a) ϑ variabel (b) ϑ konstant

Abb. 12: Versuchsaufbau zur Erarbeitung des Ohmschen Gesetzes

Für jeden Leiter sollen in einer Meßreihe bei stufenweiser Erhöhung der Spannung zusammengehörige Werte der angelegten Spannung U und der Stromstärke I im Leiter gemessen werden. Die Meßwertpaare (U_i, I_i) sind in einer Tabelle festzuhalten und ihre Bildpunkte in ein U,I-Diagramm einzutragen. In den Leitern wird elektrische Energie in Wärme umgesetzt. Da diese bei den vorliegenden Versuchsbedingungen nur in unzureichendem Maße an die Umgebung abgeführt wird, erhöht sich bei den Messungen die Temperatur der Leiter, und zwar ist die Temperatur jeweils um so größer, je größer die Stromstärke ist.

Um nun auch zu Informationen über den Zusammenhang zwischen I und U unter der Bedingung konstanter Temperatur der Leiter zu gelangen, soll für jeden Leiter mit Ausnahme der Glühlampen die Meßreihe unter dieser Bedingung wiederholt werden. Dazu werden die Leiter jeweils in einen mit Wasser gefüllten 5 l-Plastikeimer getaucht (Abb. 12 b). Das Wasser soll während des Experimentes ständig umgerührt werden. Die vom Leiter in Wärme umgesetzte Energie wird vom Wasser aufgenommen. Wegen der großen Wärmekapazität der vorliegenden Wassermenge erhöht sich die Wassertemperatur während des Experimentes jedoch kaum, was mit einem Thermometer überprüft werden kann. Damit ist gewährleistet, daß auch die Temperatur des Leiters praktisch konstant bleibt. Unter dieser Versuchsbedingung sollen für jeden Leiter bei denselben Spannungswerten, die in der ersten Meßreihe gewählt wurden, die sich nunmehr ergebenden Werte für die Stromstärke gemessen und in der Tabelle festgehalten werden. Die Bildpunkte der Meßwertpaare sind mit spezieller Markierung in das U,I-Diagramm einzutragen.

3.7.4. Auswertung der Experimente und Erarbeitung des Ohmschen Gesetzes und der Größe elektrischer Widerstand

Von einer Schülergruppe werden die Meßergebnisse für die von ihr untersuchte Eisendrahtwendel und Bleistiftmine in ein U,I-Diagramm an der Tafel eingetragen, und zwar sowohl die Ergebnisse für den Fall, daß sich die Leiter in Luft befanden und sich somit infolge der Wärmewirkung des Stromes ihre Temperatur mit zunehmender Stromstärke erhöhte, als auch für den Fall, daß die Temperatur der Leiter konstant gehalten wurde. In einem zweiten U,I-Diagramm an der Tafel werden von einer anderen Gruppe die Meßergebnisse für die von ihr untersuchte Glühlampe und Drahtwendel aus Konstantan dargestellt. Hier zeigt sich für den Leiter aus Konstantan, daß die Ergebnisse aus den beiden Versuchsreihen, in denen sich der Leiter in Luft bzw. im Wasserbad befand, übereinstimmen. In den Diagrammen werden durch die bei jeweils gleichen Versuchsbedingungen ermittelten Meßpunkte für die einzelnen Leiter unter Berücksichtigung von Meßunsicherheiten "Ausgleichskurven" gezeichnet (Abb. 13). Alle Schülergruppen verfahren ebenso in den selbst angelegten Diagrammen, in denen die von ihnen gewonnenen Meßergebnisse eingetragen worden sind.

Die Graphen kennzeichnen den Zusammenhang zwischen Spannung und Stromstärke bei den jeweiligen Leitern unter den verschiedenen Bedingungen. Sie werden deshalb auch Kennlinien der Leiter genannt. Unter der Bedingung konstanter Temperatur ergeben sich für die verschiedenen Drahtwendeln als Kennlinien Ursprungsgeraden. Im Fall veränderlicher Temperatur sind die Kennlinien dagegen für alle Leiter mit Ausnahme der Leiter aus Konstantan gekrümmt. Bei den metallischen Leitern, wozu auch Glühlampen gehören, da hier die eigentlichen Leiter die aus Wolframdraht

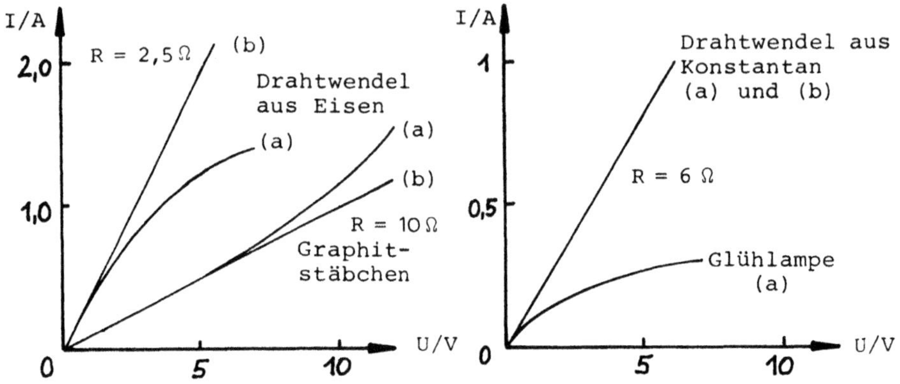

Abb. 13: U,I-Diagramm verschiedener Leiter bei (a) variabler Temperatur und (b) konstanter Temperatur

gewickelten Glühwendeln sind, steigt die Stromstärke mit zunehmender Spannung immer weniger an. Bei den Graphitleitern hingegen nimmt die Stromstärke mit zunehmender Spannung immer stärker zu. Der Umstand, daß sich die Temperatur mit zunehmender Stromstärke immer stärker erhöht, wirkt sich also auf den Zusammenhang zwischen Spannung und Stromstärke bei den Leitern aus. Allerdings bilden hier die Leiter aus Konstantan, einer speziellen Metall-Legierung, offenbar eine Ausnahme. Wie die Experimente zeigen, hängt die Kennlinie eines solchen Leiters nicht von Änderungen der Temperatur des Leiters ab.

Der Sachverhalt, daß sich als Kennlinien der Leiter bei konstanter Temperatur Ursprungsgeraden ergeben, besagt nun, daß in diesem Fall die Stromstärke I in jedem Leiter proportional zur angelegten Spannung U ist, $I \sim U$. Das heißt auch, daß I in gleichem Maße zunimmt wie U oder $U/I = \text{konst.}$ ist. Die Konstanz des Quotienten U/I erweist sich anhand der Meßwerte (U_i, I_i) für den jeweiligen Leiter darin, daß alle Quotienten U_i/I_i um einen Mittelwert liegen. Der Zusammenhang zwischen I und U in dieser speziellen Form $I \sim U$ wird Ohmsches Gesetz genannt. Man sagt allgemein, für einen Leiter gilt das Ohmsche Gesetz, wenn bei diesem die Stromstärke I proportional zur angelegten Spannung U ist, d.h. wenn die äquivalenten Merkmale vorliegen: a) Zur n-fachen Spannung U gehört auch die n-fache Stromstärke I, b) Der Quotient U/I ist konstant und c) Die Kennlinie des Leiters im U,I-Diagramm ist eine Ursprungsgerade. Für die untersuchten Leiter aus Eisen, Kupfer, Konstantan und Graphit hat sich also bei konstanter Temperatur die Gültigkeit des Ohmschen Gesetzes erwiesen. Den Schülern wird dann mitgeteilt, daß bei jeweils konstanter Temperatur für alle metallischen Leiter und Leiter aus Graphit das Ohmsche Gesetz gilt.

Es wird nunmehr der Sachverhalt ins Auge gefaßt, daß der bei konstanter Temperatur sich ergebende konstante Quotient U/I für die verschiedenen untersuchten Leiter unterschiedliche Werte hat. Je größer der Quotient ist und je flacher damit die Ursprungsgerade im U,I-Diagramm verläuft, um so kleiner ist die Stromstärke, die sich in dem betreffenden Leiter bei einer bestimmten angelegten Spannung einstellt. Damit können die Leiter mit Hilfe dieses Quotienten hinsichtlich ihres Leitungsverhaltens quantitativ gekennzeichnet werden. Es wird daher dieser Quotient allgemein als physikalische Größe zur Kennzeichnung des Leitungsverhaltens der Leiter eingeführt. Die Größe wird "elektrischer Widerstand" genannt und mit R bezeichnet. Für sie gilt also die Definition: Der elektrische Widerstand R eines Leiters ist der Quotient aus der angelegten Spannung U und der Stromstärke I im Leiter:

$$R = \frac{U}{I}$$

Hieraus ergibt sich für die Einheit des Widerstandes: $[R] = 1$ V/A. Diese Einheit wird 1 Ohm ($1\,\Omega$) genannt, es ist also $1\,\Omega = 1$ V/A.

Gilt für einen Leiter das Ohmsche Gesetz U/I = konst., so ist der gemäß R = U/I definierte Widerstand des Leiters konstant. Die Aussage: "Es gilt für einen Leiter das Ohmsche Gesetz" ist also gleichbedeutend mit der Feststellung: "Der Widerstand dieses Leiters ist konstant". Die Erkenntnis, daß für metallische Leiter und Leiter aus Graphit bei konstanter Temperatur das Ohmsche Gesetz gilt, bedeutet dann, daß für diese Leiter der Widerstand bei konstanter Temperatur konstant ist. Allerdings haben die Leiter bei verschiedenen Temperaturen in der Regel verschieden große Widerstandswerte, d.h. der Widerstand der Leiter ist temperaturabhängig. Das folgt aus dem Sachverhalt, daß sich als Kennlinien der Leiter mit Ausnahme der Konstantanleiter in den Versuchen, bei denen die Leiter nicht hinreichend gekühlt wurden und sich daher ihre Temperatur infolge der Wärmeentwicklung mit zunehmender Stromstärke immer stärker erhöhte, keine Ursprungsgerade mehr, sondern gekrümmte Graphen ergaben. Der Quotient U/I, d.h. der Widerstand der Leiter, verändert sich hier mit zunehmender Stromstärke, also steigender Temperatur. Um zu ermitteln, ob der Widerstand bei den verschiedenen Leitern mit der Temperatur zu- oder abnimmt, wird an mehreren Stellen der jeweiligen Kennlinien der Quotient U/I berechnet. Es zeigt sich, daß für die Drahtwendeln aus Eisen, Kupfer und Wolfram (Glühbirnen) der Widerstand mit der Temperatur zunimmt. Die Schüler werden dann darüber informiert, daß diese Eigenschaft für alle metallischen Leiter mit Ausnahme von Leitern aus einigen speziellen Legierungen zutrifft. Als eine Ausnahme werden Leiter aus Konstantan erkannt, für diese erweist sich aus den Versuchen der Widerstand als temperaturunabhängig. Bei den Bleistiftminen, also bei Leitern aus dem Nichtmetall Graphit, nimmt dagegen der Widerstand mit zunehmender Temperatur ab.

Werden die Leiter also nicht auf konstanter Temperatur gehalten, so verändert sich ihr Widerstand wegen der Temperaturerhöhung mit zunehmender Stromstärke. Für die in der Praxis gebräuchlichen metallischen Leiter nimmt der Widerstand mit der Stromstärke zu. Allerdings zeigen die Kennlinien der Leiter zu Anfang innerhalb eines gewissen vom jeweiligen Leiter abhängigen Bereichs nicht zu großer Stromstärke, d.h. bei noch geringer Erwärmung der Leiter, einen nahezu geradlinigen Verlauf. Das bedeutet, hier gilt für die Leiter in guter Näherung das Ohmsche Gesetz oder ihr Widerstand ist praktisch konstant. In diesem "Gültigkeitsbereich" des Ohmschen Gesetzes kann dann z.B. für einen Leiter bei Kenntnis des Widerstandes R über die aus der Definitionsgleichung $R = U/I$ folgenden Gleichungen $U = I \cdot R$ und $I = U/R$ der Größenwert für eine der Größen I und U vorausberechnet werden, wenn der Größenwert für die jeweils andere Größe bekannt ist. Bei praktischen Anwendungen hängt der "Gültigkeitsbereich" des Ohmschen Gesetzes für einen Leiter außer vom Leiter selbst insbesondere von den Bedingungen seiner Kühlung ab.

3.7.5. Experimentelle Anwendungsaufgaben

Zur Anwendung und Vertiefung der erarbeiteten Lerninhalte werden jeder Schülergruppe folgende experimentelle Aufgaben gestellt:

a) Zwei unbekannte "technische Widerstände" sind daraufhin zu untersuchen, ob für sie das Ohmsche Gesetz gilt. Die Leiter sind durch Widerstandswerte zu kennzeichnen.

b) Mit Hilfe eines "1 kΩ -Widerstandes" und eines Strommeßgerätes ist die Spannung eines Netzgerätes bei 5 verschiedenen Spannungseinstellungen zu messen. Die Meßergebnisse sind jeweils mit einem Spannungsmeßgerät zu überprüfen.

4. Erprobung und Evaluation der Unterrichtskonzepte

Die entwickelten Unterrichtskonzepte sind in zwei Klassen eines Gymnasiums in Bochum (Theodor Körner Schule) erprobt worden, und zwar im Rahmen des regulären Physikunterrichts, der in diesen Klassen von einem der Autoren (K. K.) in nebenamtlicher Tätigkeit als Physiklehrer erteilt wurde. Der andere Autor nahm während der Durchführung der Konzepte als Beobachter am Unterricht teil. Die Konzepte zur Erarbeitung der Größen Geschwindigkeit, Dichte und Druck sowie des Hookeschen Gesetzes gelangten in der 8. Klassenstufe zur Anwendung, die Konzepte zur Erarbeitung der Größen elektrische Stromstärke, elektrische Spannung sowie des Ohmschen Gesetzes und der Größe elektrischer Widerstand in der 10. Klassenstufe.

Die Erarbeitung der jeweiligen Größen und Gesetze nach diesen Konzepten wurde bereits bei der Gesamtplanung des Unterrichts für die betreffenden Klassenstufen berücksichtigt. Im Unterricht wurden daher die den Konzeptentwürfen zugrundegelegten Voraussetzungen weitestgehend realisiert. Die Durchführung der Konzepte war jeweils integrierter Bestandteil der Behandlung der betreffenden Themengebiete im Unterricht. Die Versuchsgeräte für die Schülerexperimente standen nicht in gleichem Umfang zur Verfügung, so daß, wie in den einzelnen Abschnitten im Kapitel 3. angegeben, die Durchführung der Versuche zu den verschiedenen Themen von Schülergruppen unterschiedlicher Größe vorgesehen werden mußte, wobei die Aufteilung der Klasse in lediglich 4 Arbeitsgruppen (9 - 10 Schüler pro Gruppe) bei der Behandlung der Themen Druck und elektrische Stromstärke den Extremfall darstellte.

Die Realisierung der Konzepte im Unterricht nahm jeweils sechs Unterrichtsstunden in Anspruch, und zwar mit folgender Aufteilung: Eine Stunde wurde der Erörterung und Abklärung des aufgeworfenen Problems und der sachbezogenen Motivierung der Schüler gewidmet. Zwei Stunden beanspruchten dann die Schülerexperimente, wobei unabdingbar war, daß diese Stunden als Doppelstunde zur Verfügung standen. Die Auswertung der Experimente und die Erarbeitung der jeweiligen Größen bzw. Gesetze erforderten zwei Unterrichtsstunden. Die experimentellen Anwendungsaufgaben konnten von den Schülern anschließend in einer Unterrichtsstunde bearbeitet werden. Nach Durchführung der Experimente erhielten die Schüler jeweils die Hausaufgabe, ein Protokoll über die Versuche anzufertigen mit Dokumentation der Meßergebnisse in einer Wertetabelle und einem entsprechenden Diagramm.

Da die Schüler im Physikunterricht vor der 8. Klassenstufe noch nicht selbständig experimentiert hatten, war bei den in der zeitlichen Abfolge ersten Experimenten zur Geschwindigkeit und Dichte eine eingehendere Unterweisung der Schüler in der Durchführung der Versuche und eine intensivere Betreuung der Gruppen während der Versuche erforderlich als bei den Schülerexperimenten zu den nachfolgenden Sachthemen. In der 10. Klassenstufe führten die Schüler die Experimente weitgehend selbständig unter sorgfältiger Erfassung der Meßwerte aus. Es muß jedoch hervorgehoben werden, daß in allen Fällen die von den Schülern gewonnenen Meßergebnisse von einer Qualität waren, die ihre Verwendung als Grundlage für die Erarbeitung der jeweiligen Größen und Gesetze uneingeschränkt zuließ. Damit wurden in Rahmen dieser Untersuchung gelegentlich geäußerte Behauptungen nicht bestätigt, daß in Schülerexperimenten gewonnene Daten meist so ungenau seien, daß sich aus ihnen quanitative Erkenntnisse über physikalische Sachverhalte nicht gewinnen lassen.

Eine grundlegende Voraussetzung für die Erarbeitung und das Verständnis der betrachteten Größen und Gesetze ist, daß die Schüler mit dem Begriff der Proportionalität zwischen zwei zusammenhängenden Größen vertraut sind. Das beinhaltet, daß ihnen die verschiedenen Erkenntniskriterien bzw. Ausdrucksformen dieser speziellen mathematischen Struktur des quantitativen Zusammenhangs zwischen zwei Größen geläufig sind. Da ein entsprechender Test in den Erprobungsklassen zu Beginn der 8. Klassenstufe zeigte, daß die Schüler dieser Klasse nur unzureichende Kenntnisse zum Proportionalitätsbegriff besaßen, wurden bei der Erarbeitung der Größen Geschwindigkeit und Dichte besonderer Wert auf die Abklärung des Bedeutungsgehaltes dieses Begriffes gelegt und die kennzeichnenden Merkmale des proportionalen Zusammenhangs zwischen zwei Größen herausgestellt. Es konnte festgestellt werden, daß den Schülern nachfolgend der Umgang mit diesem Begriff kaum noch Schwierigkeiten bereitete. Die formale Technik des Erkennens einer Proportionalitätsbeziehung zwischen zwei Größen anhand einer Meßwerttabelle bzw. eines Graphen in einem Diagramm und das Überprüfen durch die Quotientenbildung wurde von den Schülern als transferierbares Verfahren verinnerlicht und bei der Auswertung der Meßergebnisse in den späteren Fällen selbständig angewendet. Im Zusammenhang mit der Auswertung der Meßergebnisse zur Einführung des Geschwindigkeitsbegriffs wurde den Schülern auch die Problematik der Meßunsicherheit bewußt gemacht und der Begriff der "Ausgleichskurve" eingeführt. Als solche wurde der "glatte" Graph im Diagramm gekennzeichnet, den die Meßwerte unter Berücksichtigung von Meßunsicherheiten als Schaubild des Zusammenhangs zwischen den untersuchten Größen nahelegten. Auch nachfolgend wurde dann die Auswertung von Meßergebnissen stets unter Berücksichtigung von Meßunsicherheiten durchgeführt.

Die Beobachtung des Verhaltens und der Reaktionen der Schüler im Unterricht zeigte allgemein, daß die Erarbeitung der jeweiligen Lerngegenstände nach den entworfenen Unterrichtskonzepten kognitive und experimentelle Anforderungen stellten, die dem Leistungsvermögen der Schüler entsprachen. Die Schüler erfaßten das jeweilige im Klassengespräch ausführlich erörterte Ausgangsproblem und erkannten die Notwendigkeit der Experimente, um bezüglich des aufgeworfenen Fragenkreises zu weiteren Erkenntnissen und zur quantitativen Beschreibung der betrachteten physikalischen Eigenschaften zu gelangen. Als ein Kriterium für den Lernerfolg wurde die Qualität der Bearbeitung der experimentellen Anwendungsaufgaben durch die Schülergruppen angesehen. Über die Bearbeitung der Aufgaben war von jedem Schüler als Hausaufgabe ein Protokoll anzufertigen. Sowohl die Beobachtung der Schülergruppen während der Aufgabenbearbeitung als auch die

Protokolle ließen bei allen Sachthemen weitgehend eine sachgerechte Anwendung und Verständnis der erarbeiteten Lerninhalte erkennen.

Die Erprobung der Konzepte hat insgesamt gezeigt, daß auch im Physikunterricht der Sekundarstufe I Größen und Gesetze, zu deren Einführung bzw. Erkenntnis quanitative experimentelle Untersuchungen erforderlich sind, mit Hilfe von Schülerexperimenten erarbeitet werden können. Nach den in dieser Untersuchung gemachten Erfahrungen erscheint die in diesem Zusammenhang meist vorzufindende Bevorzugung von Lehrer-Demonstrationsexperimenten mit dem Argument, daß die von den Schülern durchgeführten Messungen für den betreffenden Zweck im allgemeinen zu ungenau seien, unbegründet, wenn den Schülern genügend Gelegenheit geboten wird, ausreichende Fertigkeiten im Umgang mit den Meßgeräten zu erwerben. In Übereinstimmung mit häufig berichteten Erfahrungen konnten wir beobachten, daß durch den Einsatz von Schülerexperimenten und experimentellen Anwendungsaufgaben eine hohe Motivation und Leistungsbereitschaft bei den Schülern hervorgerufen wurde. Dieser Umstand allein schon sollte den Einsatz von Schülerexperimenten gerade auch bei der Erarbeitung zentraler Lerngegenstände und Erkenntnisse wie Größen und Gesetze rechtfertigen und den dabei anfallenden erhöhten Vorbereitungsaufwand des Lehrers lohnen. Als eine noch gewichtigere Begründung für die Berücksichtigung von Schülerexperimenten in dieser Unterrichtsphase muß aber die in Kapitel 1. näher ausgeführte Argumentation angesehen werden, daß zur Vermittlung einer gewissen Einsicht in die experimentelle Methode der Erkenntnisgewinnung in der Physik den Schülern auch Gelegenheiten geboten werden müssen, selbst nach dieser Methode Erkenntnisse über physikalische Zusammenhänge zu gewinnen. Daß dem Einsatz von Schülerexperimenten allerdings durch die im Unterricht zur Verfügung stehende Zeit und aus Gründen mangelnder Geräteausstattung häufig enge Grenzen gesetzt sind, bedarf keiner besonderen Erwähnung.

Literaturverzeichnis

(1) J. PIAGET: Cognitive Development in Children - Development and learning. Journal of Research in Science Teaching 1964, 176.

(2) J. PIAGET: To Understand is to Invent. Grossman Publ., New York, 1973, 17 f.

(3) K. WELTNER und K. WARNKROSS: Über den Einfluß von Schülerexperimenten, Demonstrationsunterricht und informierenden Physikunterricht auf Lernerfolg und Einstellung der Schüler. Die deutsche Schule, 1969, 559.

(4) W. CORRELL, H.W. DECKERT und H. SCHWARZE: Die Bedeutung des Schülerexperiments für den Lernerfolg im Physikunterricht. Aula, 1969, 258.

(5) E.A. LUNZER and P.D. POMFREY: Understanding Proportionality. Mathematics Teaching 1966, 7.

(6) E. KARPLUS, R. KARPLUS and W. WOLLMAN: Intellectual Development Beyond Elementary School IV - Ratio, The Influence of Cognitive Style. School Science and Mathematics 1974, 476.

(7) A. SUAREZ: Formales Denken und Funktionsbegriff bei Jugendlichen. Huber, Bern, 1977, 34 f.

(8) H. KLINGER und M. BORMANN: Untersuchung zur Entwicklung formaloperationaler Strukturen und physikspezifischer Schemata bei Schülern der Sekundarstufe. Der Physikunterricht 1978, Heft 4, 55.

(9) D. NACHTIGALL: Physikunterricht und die Entwicklung von Denkstrukturen. Naturwissenschaften im Unterricht 1979, 65.

GPSR Compliance

The European Union's (EU) General Product Safety Regulation (GPSR) is a set of rules that requires consumer products to be safe and our obligations to ensure this.

If you have any concerns about our products, you can contact us on ProductSafety@springernature.com

In case Publisher is established outside the EU, the EU authorized representative is:

Springer Nature Customer Service Center GmbH
Europaplatz 3
69115 Heidelberg, Germany

Batch number: 10809636

Printed by Printforce, the Netherlands